"十四五"职业教育国家规划教材

名校名师**精品**系列教材

Web Design with HTML5
and CSS3

HTML5+CSS3

Web 前端设计基础教程

微课版 | 第 3 版

吴丰 ● 编著

人民邮电出版社

北 京

图书在版编目（CIP）数据

HTML5+CSS3 Web前端设计基础教程：微课版 / 吴丰
编著. -- 3版. -- 北京：人民邮电出版社，2024.4
名校名师精品系列教材
ISBN 978-7-115-62671-4

Ⅰ．①H… Ⅱ．①吴… Ⅲ．①超文本标记语言－程序
设计－教材②网页制作工具－教材 Ⅳ．①TP312.8
②TP393.092.2

中国国家版本馆CIP数据核字(2023)第176754号

内 容 提 要

本书依据 Web 前端工程师所需的岗位技能，结合"1+X"Web 前端开发职业技能标准（初级、中级），对必备知识重新萃取凝练，同时考虑学生的认知规律和现状，由浅入深地讲解 HTML5、CSS3 和 Bootstrap 框架的相关知识。

本书共分为 11 章，内容包括 Web 前端职业前景与重要理念，HTML5 页面的构建与简单控制，CSS3 基础入门，实现 Web 前端排版的基本美化，浮动、定位与列表，HTML5 增强型表单与简易表格，CSS3 与 HTML5 的高级应用，PC 端典型页面的设计与实现，多设备响应式页面的实现，使用 Bootstrap 框架创建页面，Web App 类页面的设计与实现。

本书配套教学视频、源代码、PPT、课时授课计划和学期授课计划等资源，为教师高效备课提供帮助。

本书可作为高等教育本、专科院校计算机相关专业的教材，也可作为自学参考书。

◆ 编 著 吴 丰
　　责任编辑 范博涛
　　责任印制 王 郁 焦志炜

◆ 人民邮电出版社出版发行　北京市丰台区成寿寺路 11 号
　　邮编 100164　电子邮件 315@ptpress.com.cn
　　网址 https://www.ptpress.com.cn
　　北京天宇星印刷厂印刷

◆ 开本：787×1092　1/16
　　印张：15.25　　　　　　　　　　2024 年 4 月第 3 版
　　字数：400 千字　　　　　　　　2024 年 8 月北京第 2 次印刷

定价：59.80 元

读者服务热线：(010)81055256　印装质量热线：(010)81055316
反盗版热线：(010)81055315
广告经营许可证：京东市监广登字 20170147 号

前 言

本书以党的二十大精神为指引，全面贯彻党的教育方针，以落实立德树人为根本任务，坚守为党育人、为国育才的初心使命，瞄准技术变革和产业升级需要，积极推动科教融汇和协同创新，全面提高人才自主培养质量。

本书将 HTML5、CSS3 和 Bootstrap 框架的知识点颗粒化，映射在各个案例中。除了常规的理论知识讲解，本书更注重思维过程的传递。读者可在数字化资源辅助学习的条件下，通过学习理论、模仿思维过程和消化知识三个阶段的训练，最终掌握 Web 前端工程师岗位所要求的基本技能。

本书概览

全书共分 11 章，具体内容如下。

第 1 章：以 Web 前端工程师的岗位需求作为引文，让读者了解最基础的知识和相关理念。

第 2 章：在介绍 Dreamweaver 和 HBuilderX 的基本使用方法时，讲解有关 HTML5 的基础知识。

第 3 章：介绍有关 CSS3 的基础知识，使读者对 CSS3 有初步认识，并具备简单排版的能力。

第 4 章：重点讲解文本、超链接、图像和颜色的排版知识，使读者能够实现图文混排等复杂的排版效果。

第 5 章：着重讲解浮动、定位与列表的相关知识，使读者能够灵活控制页面元素。

第 6 章：介绍 Web 前端开发中人机交互的元素，并介绍表单和表格外观的处理思路和实现方法。

第 7 章：作为提升内容，向读者介绍 CSS3 渐变、CSS3 动画和 HTML5 Canvas 等基础知识，让读者进一步拓展思路、积累经验。

第 8~11 章：作为提升实践经验的环节，分别选取工作中典型的 PC 端页面、多设备（手机端、平板设备、PC 端）响应式页面、使用 Bootstrap 框架创建页面及 Web App 类页面作为案例分析对象，从工程师的思维角度入手，向读者还原整个项目开发的思维过程和工作过程，最终使得读者获得经验的积累和能力的提升。

本书特色

本书具有以下特色。

✓ 凝练岗位要求：本书围绕 Web 前端工程师的岗位要求编写，通过学习本书，读者能够达到岗位的基本要求。

✓ 案例贴近生活：本书的大案例均选自大型网站的真实布局，在"分析、拆解、精讲"的过程中，还原与自己生活贴近的案例，读者不仅能提高学习兴趣，还能积累实践经验。

✓ 重现思维过程：本书在讲解过程中，将工程师的思维过程进行重现，使读者不仅学会实现方法，还能借鉴他人思路。

✓ 配套视频资源：本书配套了微课视频，读者可以通过扫描书中二维码直接在线观看。

✓ 配套资源丰富：本书配套资源包括源代码、PPT、课时授课计划和学期授课计划等，读者可以从人邮教育社区（https://www.ryjiaoyu.com/）下载。

进度安排

本书的参考学时为 66 学时，为方便教师教学，这里列出各章的教学安排，仅供参考。

章	内容	难度	学时分配		
			理论	实践	小计
第 1 章	Web 前端职业前景与重要理念	★☆☆☆☆	1.5	0.5	2
第 2 章	HTML5 页面的构建与简单控制	★★☆☆☆	2	2	4
第 3 章	CSS3 基础入门	★★☆☆☆	2	4	6
第 4 章	实现 Web 前端排版的基本美化	★★★☆☆	2	4	6
第 5 章	浮动、定位与列表	★★★☆☆	2	4	6
第 6 章	HTML5 增强型表单与简易表格	★★☆☆☆	2	2	4
第 7 章	CSS3 与 HTML5 的高级应用	★★★☆☆	2	4	6
第 8 章	PC 端典型页面的设计与实现	★★★☆☆	3	5	8
第 9 章	多设备响应式页面的实现	★★★★☆	3	5	8
第 10 章	使用 Bootstrap 框架创建页面	★★★★★	2	4	6
第 11 章	Web App 类页面的设计与实现	★★★★★	4	6	10
合计					66

致谢与反馈

本书由吴丰编著，感谢家人在整个编写过程中给予的理解和支持，感谢出版社的编审人员为本书的出版付出的辛勤汗水。由于编者水平有限，书中难免存在不妥之处，敬请广大读者批评指正，以便不断优化。编者的联系方式：413101130@qq.com。

编者：

2024 年 4 月

目　录

Web Design
with HTML5
and CSS3

第1章
Web前端职业前景与重要理念

【本章导读】

Web 前端工程师是互联网时代产品研发中不可缺少的岗位角色。目前，Web 前端工程师（HTML5 方向）的岗位每年都需要补充新生力量，越来越多的 IT 企业大多要求该岗位的员工精通 HTML5、CSS3、jQuery、JavaScript、Vue、Bootstrap 框架等核心的 Web 前端技术。本章将从职业发展前景出发，立足岗位需求，向读者介绍有关 Web 前端所涉及的入门知识。

【学习目标】

- 了解 Web 前端工程师的行业前景；
- 认识网页构成的基本元素，掌握相关专业术语；
- 掌握"表现与结构相分离"的重要理念；
- 熟悉 Web 前端开发的基本流程；
- 了解常用的开发软件，能够简单创建一个 HTML5 页面。

【素质目标】

- 引导学生既要学习专业技能知识，也要逐步树立职业理想；
- 坚持德育为先，培养良好的职业道德（责任感）和个人品德；
- 树立讲诚信、讲团结、讲合作意识，以平等、互助和支持态度对待同行。

【思维导图】

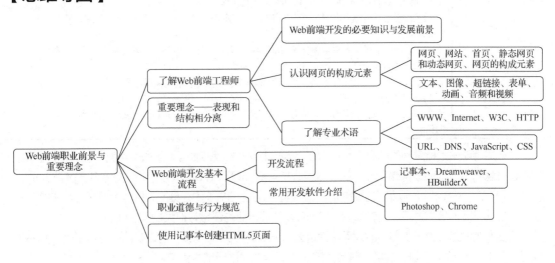

1.1 了解 Web 前端工程师

随着互联网的发展，以及各类移动端硬件设备的更新换代，软件产品的最终形态可能跨越多种应用场景，如图 1-1 和图 1-2 所示。在诸多产品形态中，从最基本的 Web 页面设计稿还原，到移动端产品设计与开发，都离不开 Web 前端工程师的辛勤付出。

图 1-1　Web 端页面形态　　　　　图 1-2　小程序端页面形态

在某主流招聘网站上检索"Web 前端工程师"关键字，可以检索出许多相关岗位需求。通过对比观察这些岗位，可以发现有一些共同之处，如表 1-1 所示。

表 1-1　Web 前端工程师岗位需求

Web 前端工程师	招聘要求
工作职责	（1）负责 Web 前端页面的开发、维护和优化工作； （2）负责运营及市场等领域需求开发工作，包括并不限于网站、HTML5、小程序、APP 和小游戏技术服务等； （3）根据产品需求，负责或参与项目前端架构设计，设计出合理的方案，保证产品高效稳定运行
任职要求	（1）计算机相关专业，一年以上 Web 开发经验； （2）熟悉 HTML、CSS 和 JavaScript 等前端开发技术，能高保真还原设计稿； （3）熟练掌握 Vue、React 等前端框架中的至少一种，具备 NodeJS 开发经验； （4）有良好的团队合作能力，技术视野开阔，对业界最新的前端技术和实现有浓厚的兴趣及深入的见解

从在招聘网站上检索到的信息中可以看出，"Web 前端工程师"是一个真实存在，且需求量稳定的岗位。此外，由于 Web 前端所涉及的技术线非常丰富，涉及 HTML5、CSS3、JavaScript、jQuery、AJAX 和 Vue 等内容，所以给初学者的第一印象是学习时无从下手。其实，初学者只要一步步打下扎实的基础，不断地自主学习、更新知识，在 Web 前端行业内还是有很大发展空间的。

需要说明的是，由于本书不能大而全地讲述 Web 前端所有技术，所以在此处进行说明，本书主要对 HTML5 和 CSS3 进行讲解，其他的知识由后续课程进行技术支持和补充。

1.1.1　Web 前端开发的必要知识与发展前景

1. Web 前端开发概述

微课视频

Web 前端开发指的是通过编写 HTML、CSS 及 JavaScript 代码等内容，创建 Web 系统并将其呈现给用户，从而实现页面在服务端的正确显示及交互功能。

这里所说的 Web 系统呈现的形式多种多样，例如电商平台（天猫和京东等）、综合门户网站（凤凰网和新浪网等）、管理系统（学工系统和教务系统等）都是 Web 系统的呈现形式。

对于技术开发团队来讲，Web 系统可以分为前端和后端两个部分。前端指的是在网页上为用户呈现的部分，用户可以直接接触此部分，例如页面的布局、UI 设计、交互等；后端指的是页面数据跟后台数据库进行交互的系统，可实现数据存取的功能，用户不能直接接触此部分。

Web 前端开发的工作过程可以简单地理解为：在 Web 系统架构确定的前提下，Web 前端工程师将 UI 设计师设计出的页面效果图通过编写代码的方式形成多个网页文件。这些网页文件通过浏览器的解析和识别后，能够高保真地还原页面效果图，示意图如图 1-3 所示。

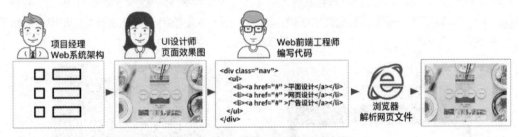

图 1-3　Web 前端开发的简易工作过程

2. 认知 HTML

Web 前端工程师在编写页面代码的过程中，需要用到一种语言，此种语言叫作超文本标记语言（Hyper Text Markup Language，HTML），它通过标记符号来标记要显示在网页中的各个部分。早期的 HTML 语法被定义成较松散的规则，网页浏览器也可以显示语法不严格的网页，但随着时间的流逝，官方标准渐渐趋于严格的语法，更加完善的 HTML 版本被逐步推出。

图 1-4 所示的是百度官方网站首页的源代码，而通过浏览器解析后呈现给用户的样子如图 1-5 所示。

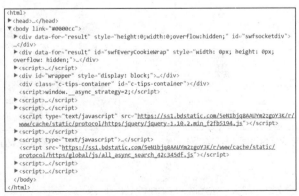

图 1-4　百度网站首页的源代码

图 1-5　解析后的百度网站首页

　　由此可见，HTML 定义了许多带有语义的命令，虽然浏览器不会显示这些命令，但是它们可以告诉浏览器如何显示文档内容（如文本、图片和其他媒体等）。当用户单击网页中的超链接时，HTML 还可以通过超文本链接把用户的文档与其他互联网资源联系起来。

3. 认知 HTML5

　　简单来说，HTML5 是对 HTML 标准的第五次修订，其主要作用是将互联网语义化，以便互联网更好地被人类和机器阅读，同时降低富互联网应用程序（Rich Internet Applications，RIA）对 Flash、Silverlight 和 JavaFX 一类浏览器插件的依赖。图 1-6 所示的是使用 HTML5 开发的某电商平台页面，图 1-7 所示的是使用 Web 前端技术开发的某品牌微信小程序。

图 1-6　某电商平台页面（HTML5）

图 1-7　某品牌微信小程序

　　（1）狭义的 HTML5

　　HTML5 草案的前身名为 Web Applications 1.0，于 2004 年由 WHATWG 提出，2007 年

W3C 接纳了这一标准，并成立了新的 HTML 工作团队。该标准定义了第五次重大版本，在这个版本中新功能不断推出，以帮助 Web 应用程序的作者努力提高新元素的互操作性。

（2）广义的 HTML5

广义的 HTML5 是包括 HTML、CSS 和 JavaScript 在内的一套技术组合，其作用是减少浏览器对插件的依赖，提供丰富的 RIA。所以 CSS3、SVG、WebGL、Touch 事件和动画支持等都属于 HTML5 技术范围。

4．发展前景

经过近几年的发展，Web 前端开发技术已经进入成熟期，而且随着移动互联网的发展，已经出现了许多新的应用场景，如智能家居和可穿戴设备等，并带来了大量的前端开发需求。此外，由于 HTML5 从根本上改变了 IT 公司开发 Web 应用的方式，无论是 PC 端应用还是移动端应用，HTML5 都正在影响着各种操作平台，其优势主要表现在以下两个方面。

（1）Web 前端开发技术适用范围广

Web 前端开发技术发展趋于成熟，例如 HTML5 可以替代部分原生 APP 功能，JavaScript 能够用于数据库操作，NodeJS 能够让 JavaScript 在服务器端运行，即便只掌握 JavaScript 不用后端开发语言也能实现服务端程序，使得 Web 前端开发技术几乎无所不能。

（2）Web 前端工程师作用更大

前端开发就是后台实现和视觉表现的桥梁，在整个产品开发过程中起到承上启下的作用。一名优秀的 Web 前端工程师既能理解产品经理对用户体验的要求，也能很好地理解后端工程师对数据逻辑进行分离的要求。

综上，在了解了岗位需求、发展前景以后，想必读者已经对 Web 前端有一个笼统的认识。下面就从最基础的知识学起，为以后的职业发展奠定基础。

1.1.2　认识网页的构成元素

1．网页

网页（Web page）是一个文件，它存放在某一台与互联网相连的计算机中。

2．网站

网站（Website）是用于展示特定内容的相关网页的集合，网站中的各个网页是由超链接联系起来的。

微课视频

3．首页

首页是某个网站的入口网页，即打开网站后看到的第一个页面，大多数作为首页的文件名是 index 和 default 加上扩展名。

4．静态网页和动态网页

静态网页是相对于动态网页而言的，它是指没有后台数据库、不含程序，以及不可交互的网页；动态网页的内容由于实时与服务器数据进行交换，因此会随着访问者的操作而不断变化。

网站为了适应搜索引擎检索的需要，即使采用动态网站技术，也可以将网页内容转化为静态网页并发布。在同一个网站上，动态网页内容和静态网页内容同时存在也是很常见的事情。

5．网页的构成元素

在互联网中，网页的外观多种多样，但构成网页的元素大体相同，一般包括文本、图像、超链接、表单、动画、音频和视频，如图 1-8 所示。

图像 ——  —— 表单

文本超链接　　　借助JavaScript实现的　　　　　　　　　　　　　　图像超链接
　　　　　　　　　图像滚动效果

图 1-8　网页的构成元素

对于网页中包含的各类元素，读者需要了解以下知识。

（1）文本

文本是网页中最基本的构成元素，也是传递信息最直接的元素。设计者除了可以通过文本表达内容含义，还可以使用不同的字体类型来美化或突出显示文本内容。

（2）图像

图像在网页中主要用于传递信息、吸引访问者注意，起到美化页面的作用。网页中所使用的图像一般通过 Photoshop 预先进行处理，常见的图像格式有 JPEG、PNG、GIF 和 SVG。

① JPEG：全称为 Joint Photographic Experts Group（联合图像专家组），是目前应用广泛的图像有损压缩格式。在处理过程中，虽然对图像采用先进的 JPEG 压缩技术去除了原始图像的部分数据，但仍能展现丰富的图像色彩。

② PNG：全称为 Portable Network Graphics（可移植网络图形），它利用特殊的编码方法标记重复出现的数据，因而对图像的颜色没有影响，并且支持透明效果。

③ GIF：是一种连续色调的无损压缩格式。GIF 格式的另一个特点是其在一个 GIF 文件中可以存储多幅彩色图像，从而构成简单动画。

④ SVG：全称为 Scalable Vector Graphics（可缩放矢量图形），SVG 格式的文件比 JPEG 和 GIF 格式的文件体积小很多，并具有在图像质量不下降的情况下被放大的特殊优势。

（3）超链接

超链接是指超文本内由一个文件连接至另一个文件的链接。当用户单击超链接时，其指向的目标内容将显示在用户的浏览器中。

默认情况下，浏览器会用一些特殊的方式来显示超链接，如鼠标悬停时变换颜色、触发超链接时变换颜色等。要想改变这些显示属性，需要在 CSS 中修改。

（4）表单

表单通常用来收集信息或实现一定的互交效果，其主要功能是收集用户在浏览器中输入的信息，然后将这些信息发送到目的端。

（5）动画

目前，在网页中插入 Flash 动画的做法越来越少，通常设计者会使用 jQuery、JavaScript、CSS 和 HTML5 制作精美动画，而对于广告类的动画，一般采用技术含量较低的 GIF 动画进行展示。

（6）音频和视频

音频和视频并非网站必需的元素（以音乐和视频为主题的网站除外），因为未经用户许可而自动播放的音频和视频，可能会给访问者带来不便。常见的音频格式为 MP3，视频格式为 MP4 和 FLV 等。

1.1.3　了解专业术语

1. WWW

WWW 全称为 World Wide Web（万维网），它是一个由许多互相链接的超文本组成的系统，通过互联网进行访问。在这个系统中，每个有用的事物都称为"资源"。

2. Internet

Internet（互联网）是由网络与网络串联成的庞大网络，这些网络以一组通用的协议相连，形成逻辑上的单一巨大国际网络。互联网并不等同于万维网，万维网是基于超文本相互链接而成的全球性系统，它是互联网所能提供的服务之一。

3. W3C

W3C 全称为 World Wide Web Consortium（万维网联盟），它是 Web 技术领域最具权威和影响力的国际中立性技术标准机构。

W3C 已经有超过 500 家的会员，主要包括各类主流硬件、软件制造商，以及电信公司。

W3C 的主要工作是研究和制定开放的规范，以便提高 Web 相关产品的互用性。W3C 的推荐规范的制定都是由会员和特别邀请的专家组成的工作组完成的。工作组的草案（drafts）在通过多数相关公司和组织同意后提交给 W3C 理事会讨论，正式批准后才成为可发布的"推荐规范"（recommendations）。

4. HTTP

HTTP 全称为 HyperText Transfer Protocol（超文本传输协议），它提供了访问超文本信息的功能，即 WWW 浏览器和 WWW 服务器之间的应用层通信协议。

5. URL

URL 全称为 Uniform Resource Locator（统一资源定位符），它是一个世界通用的负责给万维网上每个"资源"定位的系统。互联网上的每个文件都有一个唯一的 URL，它包含的信息用于指出文件的位置及浏览器应该怎么处理该文件。

6. DNS

DNS 全称为 Domain Name System（域名系统），它作为域名和 IP 地址相互映射的一个分布式数据库，能够使用户更方便地访问互联网，而不用去记住能够被机器直接读取的 IP 地址。用户通过主机名，最终得到该主机名对应的 IP 地址的过程叫作域名解析。

7. JavaScript

JavaScript 是一种动态类型、弱类型、基于原型的脚本语言，它的解释器称为 JavaScript 引擎。

8. CSS

CSS 全称为 Cascading Style Sheets（层叠样式表），它是一种用来表现网页样式的语言，能够对网页中的对象位置进行精确控制。

1.2 重要理念——表现和结构相分离

1.2.1 体验"表现和结构相分离"

1. 什么是"表现和结构相分离"

微课视频

根据之前的知识可以了解，展现给访问者的网页是由许多行源代码组成的。在很多年前制作网页时，这些代码中混杂着"用于传递信息的内容""用于承载内容的页面结构""用于美化页面的样式代码"及"展示交互操作的行为效果"。对于简单的页面来讲，这种组织结构不会出现任何问题，但当面对大量页面需要改版、数据需要提取时，这种组织结构的页面会带来巨大麻烦。

上文中所提到的"内容""结构""样式"和"行为"对应到 Web 页面中的含义如下。

（1）内容：内容就是页面实际要传达的真正信息，包含数据、文档或者图片等。这里特别强调"真正"，它指的是纯粹的数据信息本身。

（2）结构：盛装内容的框架。如果页面中仅有未排版的文字、图像等内容，则难以阅读和理解，需要将它们格式化处理，使其呈现出标题、作者、章、节、段落和列表等一系列结构。

（3）样式：用来改变内容外观的东西，称为外在表现。例如设置标题字号大小、改变正文颜色、增加背景图、修饰外观等。

（4）行为：行为就是对内容的交互操作。例如使用 JavaScript 使内容动起来，判断一些表单的提交等，这都是行为的范畴。

那么，要如何从混杂在一起的源代码中将内容、结构、样式和行为剥离呢？解决的办法就是应用"表现和结构相分离"的设计理念，从而达到以下三方面的目的。

（1）承载内容的页面结构更清晰、更有语义，数据的集成、更新和处理更加方便灵活。

（2）通过不同的 CSS 样式适应不同的设备，做到内容与设备无关。

（3）被网络爬虫搜索更加有意义。

2. 体验"表现和结构相分离"

关于"表现和结构相分离"的理念，上文虽然已经简单介绍过，但读者可能还是比较模糊，其理念还要在实践中逐渐领会。下面带领读者体验一下"表现和结构相分离"所带来的效果。

通过浏览器访问 CSS 禅意花园网站，该网站中有许多样式链接，单击这些样式链接，可以自由改变网站的外观，图 1-9 和图 1-10 所示的是网站不同的样式外观。

图 1-9　"璀璨魅力"样式主题　　图 1-10　"盆栽"样式主题

仔细观察该网站可以发现，无论选择何种样式主题，网站的内容始终没有变化，改变的仅是网站的结构和网站的外观；缩放浏览器窗口大小又可以发现，页面的版式会跟随浏览器窗口的大小自适应进行改变，说明当前页面还采用了响应式设计理念。

通过实验可以说明，以"表现和结构相分离"为理念制作出的网站，能够很好地适应当前社会需求，同时符合技术潮流的发展。那么，作为初学者，如何制作出符合这种理念的网页呢？下面继续讲解支撑这个理念的一些标准。

1.2.2　认识 Web 标准

Web 标准（Web standards）即网站标准，它并非某一个标准，而是一系列标准的集合。这些标准由 W3C 和 ECMA 共同制定，用来创建和规范网页的基本内容。按照这些标准制作的网页，能够体现"表现和结构相分离"这一核心理念，示意图如图 1-11 所示。

图 1-11　Web 标准示意图

Web 标准主要由三方面的标准构成：结构标准（XHTML 和 HTML5 等）、表现标准（CSS 2.1 和 CSS3 等）和行为标准（DOM 和 ECMAScript 等）。

1. 结构标准

结构标准其实指的就是编写网页的语言标准，即 HTML。

早期的 HTML 语法被定义为较松散的规则，随着时间的推移，官方标准渐渐趋于严格，并陆续推出 HTML 2.0、HTML 3.2、HTML 4.0、HTML 4.01 和 HTML5。

而常见的另一种 XHTML（可扩展超文本标记语言）则是 HTML 的一个重写版本，以使其能与XML（可扩展标记语言）兼容。XHTML 就是一个扮演着类似 HTML 角色的 XML。本质上，XHTML 是一个过渡，结合了 XML 的一些功能和 HTML 的大多数特性。

2. 表现标准

CSS 是一种用来表现 HTML 等文件样式的计算机语言，它的主要优点是提供了便利的更新功能。

设计网站时，可以创建一个 CSS 样式表文件，然后将网站中的所有网页都链接到该样式表文件，这样很容易为 Web 站点内的所有网页提供一致的外观和风格。当更新某一样式属性时，使用该样式的所有网页的格式都会自动更新为新样式，而不必逐页进行修改。目前，CSS 的版本有 CSS2、CSS 2.1 和 CSS3。

3. 行为标准

（1）DOM

DOM（Document Object Model，文档对象模型）是一种浏览器、平台、语言的接口，用于使用户可以访问页面的其他标准组件。DOM 解决了 Netscape 的 JavaScript 和 Microsoft 的 JScript 之间的冲突，给予 Web 设计师和开发人员一个标准的方法，让他们来访问他们站点中的数据、脚本和表现层对象。

（2）ECMAScript

ECMAScript 是 ECMA（European Computer Manufacturers Association，欧洲计算机厂商协会）制定的一种基于 Netscape 中 JavaScript 的标准脚本语言。这种语言在互联网上广泛应用，通过 DOM 可以操作网页上的任何对象。由于这些改变对象的操作十分简单，使得网页交互性大大增加。

4. 如何验证

在整个开发过程中，若需要验证开发的 CSS 是否符合 Web 标准，可以访问 W3C 的验证网址进行验证。

当访问上述网址后，页面显示如图 1-12 所示，验证服务提供 3 种验证方式：指定 URL、文件上传和直接输入。无论选择哪种方式，单击"Check"按钮后，即可显示验证结果。若通过验证，将显示图 1-13 所示的图标；若未通过验证，该项服务会将错误代码进行标示。

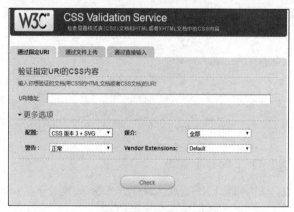

图 1-12　在线验证服务

图 1-13　通过验证后显示的图标

1.3　Web 前端开发基本流程

1.3.1　开发流程

在整个前端开发团队中，每次遇到的项目类型不尽相同，需要解决的用户需求也各有不同。项目启动前期除了需要与用户保持良好的沟通和交流，在项目实施过程中，成员如何分工、如何协同配合，将极大地影响开发的效率和产品质量，这个时候需要一个流程来规范指导团队。下面就有关前端开发的基本流程向读者进行介绍。

微课视频

1. 人员配置

中等规模以上的科技公司，在项目实施初期，人员配置一般包含产品经理（1名）、交互设计师（1名）、视觉设计师（1名）、前端工程师（1名）、后台工程师（2名）、测试人员（1名）。规模较小的公司普遍存在一名工程师需要完成多项工作的情况，一般 2～3 人就需要完成整个项目的全部工作。

2. 流程

为了让读者更加直观地理解整个开发流程，这里给出流程示意图，如图 1-14 所示。

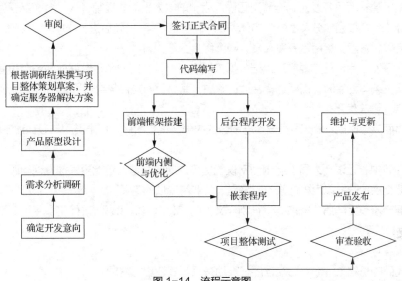

图 1-14　流程示意图

下面介绍流程中的各个环节。

（1）确定开发意向

根据市场需求，甲乙双方本着相互合作、互惠互利的原则，达成一致意见，明确双方责任。

（2）需求分析调研

项目经理和团队核心成员要参与需求分析的各种讨论，首先要与用户进行充分沟通，明确用户的具体要求，并且全面搜集各种资料，分析用户的真正需求。

（3）产品原型设计

产品原型设计是前端开发的上游环节，其目的是对产品宏观设计进行专业的处理，包括颜色搭配、版面布局，以及设置用户与页面发生交互的流程。

产品原型设计环节最终体现的成果是"原型图"或者"设计草图"。根据成本风险控制理念，该环节必不可少。因为在项目开发前期，主观感受大于理性思考，每天讨论的结果都不一样，需要设计人员去消化掉这部分主观感受带来的误区。此外，在讨论的过程中，设计人员修改效果图要比后期程序员修改代码更加容易，所以产品原型设计环节非常重要。

根据设计出的原型图，围绕明确的主题搜集素材。用户提供的各种资料是非常重要的素材，此外，还需要详细搜集与主题相关的图片、文字、音频、视频和动画等内容。

为了保证整个项目团队的开发效率，在正式启动项目开发前，需要制定一些相关的规范，包括不同产品的命名规范、前端文件存放目录等。

（4）撰写项目整体策划草案

根据前期调研情况，以及为用户初步设计的产品原型撰写项目整体策划草案。在草案中，需要明确服务器解决方案。一般来说，服务器的解决方案有自备主机、租用虚拟主机、主机托管等，具体情况要根据用户的实际需要确定。

（5）审阅与签订正式合同

用户审阅策划草案，通过反复研讨确定服务内容，然后签订合同。

（6）代码编写

前期工作准备完成后，就开始进入代码编写环节，该环节包括前端框架搭建及后台程序开发。

前端框架搭建：项目开发时，当原型图确定后，前端人员需要提前介入，对产品原型进行通用模块样式的设计（包括按钮、分页、默认字体颜色、链接颜色等），随后进行 HTML 代码的编写，以及页面样式的完善，最后交给后台开发人员，嵌套程序。

后台程序开发：后台程序要实现后端数据库的事务处理，同时负责数据库与前台页面间的连接。后台开发人员在编写程序时，需要选择合适的解决方案将页面文件与事务逻辑结合在一起。

（7）前端内测与优化

待所有页面完成以后，设计人员要参与前端的内部测试（内测），指出页面与设计稿不匹配的地方，进行修改。

在这个环节中，让设计人员参与内测不仅能提高内测的质量，还能更早地发现问题并及时修改，否则当页面提交后台开发以后再做修改，将是一件非常麻烦的事情。

当所有细节修改完毕后，就需要进行制作文件的优化以确保代码的最优化，尽可能地压缩图片和减少外部 HTTP 请求。

（8）嵌套程序

在前端代码的基础上，嵌套后端程序，实现交互等复杂功能需求。

（9）项目整体测试

项目开发是一个非常复杂的过程，需要经过反复地测试和修改，待确定无误后才能正式发布。测试的内容一般包括文字的正确性、各个链接的有效性、浏览器的兼容性、功能模块的正确性等。在测试过程中，需要反复听取各方意见和建议，不断完善功能，直到用户满意。

（10）审查验收

项目经理会同甲方等相关人员，对照合同对整个项目进行审查并验收。

（11）产品发布

项目经理通知开发、测试、市场、营销等相关部门进行产品发布。

（12）维护与更新

项目完成且交付给用户后，还涉及后期维护与更新的问题。由于后期维护具有专业性和长期性，这些维护服务应在前期策划时与用户商定清楚。一般来说，维护与更新主要有以下几方面需要注意。

① 定期检查项目的工作状态，对项目运行状况进行监控，发现问题并及时解决。在保证项目正常运行状态下，根据用户需要对项目功能进行增加、删除和修改。

② 维护后台数据库的正常运行，及时备份数据库内容。

③ 采取有效的安全防范措施，防止黑客入侵，以免造成数据损坏、机密泄露等。

④ 建立系统安全管理和计算机使用管理制度。

1.3.2　常用开发软件介绍

用于 Web 前端开发的软件有很多，也各有长处，而在实际项目开发中，通常是多个软件同时使用，以便调试时提高效率。

1. 记事本

任何一种文本编辑器都可以编写 HTML 代码，比如记事本、写字板和 Word 等。有些文本编辑器（如 EditPlus、NotePad++和 UltraEdit 等）还提供网页制作及程序设计等许多有用的功能，支持

HTML、CSS、PHP、ASP、C/C++、Java、JavaScript、VBScript 等多种语法的着色显示。

建议初学者先使用记事本进行一段时间的源代码编写，因为手动书写源代码有助于对代码含义的理解，在理解的基础上再使用其他快捷编辑器，以提高开发效率。

2. Dreamweaver

Dreamweaver 是使用最广泛的网页编辑工具之一，它采用多种先进技术，能够快速高效地创建极具表现力和动感效果的网页，使网页创作过程变得非常简单。

3. HBuilderX

HBuilderX 是 DCloud（数字天堂）推出的一款支持 HTML5 的 Web 开发工具。它的最大优势就是"极速"，无论是启动速度、大文档打开速度还是编码提示都能极速响应，大幅提升 HTML、JavaScript、CSS 的开发效率。此外，HBuilderX 对 Vue 做了大量优化投入，开发体验远超其他开发工具。

4. Photoshop

Photoshop 广泛应用于网站效果设计和图像编辑等工作场景，它已成为许多涉及图像处理的行业的标准。此外，还有 Illustrator 和 CorelDRAW 等第三方工具，都能够作为辅助工具对网页进行设计。

5. Chrome

Chrome 又称 Google 浏览器，它是由 Google（谷歌）开发的网页浏览器。Google 浏览器是目前 HTML5 支持程度最高的浏览器，在学习 HTML5 和 CSS3 过程中，为了能预览到最终效果，Google 浏览器是最好的选择。

此外，Google 浏览器的控制台是 Web 前端开发必须使用的调试模式。在打开任意网页时，按下快捷键 F12，即可进入开发人员调试模式，开发人员可以详细查看当前页面的 HTML 结构和对应的 CSS 样式，如图 1-15 所示。

图 1-15　Google 浏览器的调试模式

1.4　职业道德与行为规范

Web 前端开发岗位属于软件产业，其职业道德与行为规范受我国相关标准的约束，这里从实践层面摘录部分内容，方便读者进一步提升自我修养。

（1）讲诚信。坚决反对各种弄虚作假现象，不承接自己能力尚且难以胜任的任务，对已经承诺的事要保证做到，在情况变化和有特殊原因实在难以做到时，应及早向当事人报告和说明。

（2）讲团结、讲合作，有良好的团队协作精神。在做同级评审和技术审核时，实事求是地反映和指出问题，自觉协助项目经理做好项目管理，积极提出工作改进建议。

（3）有良好的知识产权保护观念。自觉抵制各种违反知识产权保护法规的行为，不参与侵犯知识产权的活动，在自己开发的产品中不拷贝、复用未获得使用许可的他方内容。

（4）重视合同、协议和指定的责任。努力保证高质量、可接受的成本和合理的进度，确保任何有意义的折中方案是雇主和用户清楚和接受的，且从用户和公众角度是适合的。

（5）以平等、互助和支持态度对待同行。充分信任和赞赏他人的工作，保持良好心态听取同行的意见和关切。

1.5　使用记事本创建 HTML5 页面

在学习完前面的知识后，想必读者一定想动手实践一下。下面就带领读者使用纯文本编辑器（记事本）创建一个 HTML5 页面。在学习本案例（demo）的过程中，初学者无须知道每个标签所代表的具体含义，仅需熟悉相关单词即可。

【demo】使用记事本创建 HTML5 页面

① 在计算机系统中，执行"开始"→"所有程序"→"附件"→"记事本"命令，打开记事本。

② 在空白的记事本内部，输入图 1-16 所示的代码，所需要的图像文件请查找配套源文件。

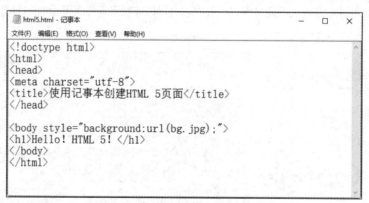

图 1-16　在记事本中输入 HTML5 代码

③ 保存网页。在记事本的菜单栏中，执行"文件"→"保存"命令，此时弹出"另存为"对话框。在该对话框的"保存在"下拉列表框中选择文件存放的路径；在"文件名"文本框中输入以".html"为后缀的文件名，这里输入"html5.html"；在"保存类型"下拉列表框中选择"文本文档"，在"编码"下拉列表框中选择"UTF-8"，最后单击"保存"按钮即可。

需要说明的是，在保存 HTML 文件时，既可以使用.htm 文件后缀，也可以使用.html 文件后缀，这是因为过去很多软件只允许 3 个字母的文件后缀，而现在使用.html 完全没有问题。

④ 启动 Google 浏览器，将刚刚制作完成的"html5.html"文件拖曳到浏览器窗口中，释放鼠标即可看到网页效果，如图 1-17 所示。

图 1-17　预览效果

至此，使用记事本创建一个简单 HTML5 页面的过程已经介绍完了。读者在制作本案例的过程中，可能觉得使用记事本编写代码很容易出错，对于这个问题，读者无须担心，本书后续内容将讲解 Dreamweaver 和 HBuilderX 的使用方法。

1.6　课堂动手实践

【思考】

1. 什么是 HTML5? 其发展前景如何?

2. 网页的构成要素有哪些?

3. W3C 是什么组织机构?

4. "表现和结构相分离"主要解决什么问题?

5. 什么是 Web 标准?

6. 简述 Web 前端开发流程。

【动手】

1. 访问 CSS 禅意花园，体验"表现和结构相分离"的理念。

2. 在互联网上查找有关"网页设计""网页 UI"的资料，欣赏优秀的网页设计作品，将其保存在收藏夹中，作为以后学习的素材。

3. 使用记事本独立创建一个简单的 HTML5 页面。

第 2 章

HTML5页面的构建与简单控制

【本章导读】

　　Web 前端开发离不开代码编辑工具，然而在众多代码编辑器中，Adobe 公司的 Dreamweaver 由于具备所见即所得的特性，适合初学者使用；DCould 公司的 HBuilderX 是当前最快的 HTML 开发工具，由于其提供的是纯代码编辑环境，所以更有利于读者对代码的学习和理解，至于其他高效的编辑器，待读者工作时根据项目团队需要再进行学习也为时不晚。本章除了介绍 Dreamweaver 和 HBuilderX 的基本使用方法，还着重介绍 HTML5 的文档结构和常见元素等内容。

【学习目标】

- 掌握 Dreamweaver 的基本使用方法；
- 掌握站点的相关概念及其基本操作；
- 掌握 HBuilderX 的基本使用方法；
- 掌握 HTML5 文档结构，认识 HTML5 中常见的元素含义；
- 能够创建简单的 HTML5 页面，并实现简单的控制。

【素质目标】

- 培养学生的实践思维，提升勇于探索实践的能力；
- 培养学生积极研究、探索的科学习惯。

【思维导图】

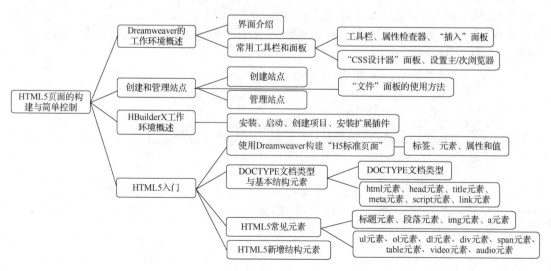

2.1　Dreamweaver 的工作环境概述

Adobe Dreamweaver 是一个全面的专业工具集，可用于设计并部署极具吸引力的网站和 Web 应用程序。

微课视频

2.1.1　界面介绍

安装 Dreamweaver 后，打开任何一个文档，呈现出的界面如图 2-1 所示。

工具栏

实时视图

代码视图

各类功能面板

图 2-1　Dreamweaver 界面

（1）工具栏：该工具栏提供各种查看选项和常规操作的便捷方法。

（2）实时视图：该视图用于可视化页面布局、可视化编辑和快速应用程序开发的设计环境。在该视图中，Dreamweaver 显示的文档内容类似于在浏览器中查看页面时的效果。

（3）代码视图：用于编辑和查看当前编辑状态下的网页源代码。

（4）各类功能面板：每个不同的面板，承担的功能不同。"文件"面板用于管理当前站点和本地的文件，类似于 Windows 资源管理器；"CSS 设计器"面板用于管理选定对象的 CSS 样式规则。

2.1.2　常用工具栏和面板

1. 工具栏

Dreamweaver 的工具栏在整个操作界面的左侧，如图 2-2 所示，单击 ••• 按钮在弹出的"自定义工具栏"对话框中可以增加或减少按钮的显示。

📄（打开文档）：单击该按钮后，可以显示当前已经打开的多个网页文档列表。

↑↓（文件管理）：用于管理站点中的文件。单击该按钮后，可以在弹出的列表中执行获取、上传、取出和存回等操作。

◁▷（实时代码）：用于实时查看当前页面在被浏览器解析后实时的代码内容。

图 2-2　工具栏

（实时视图选项）：用于设置实时视图的各类参数。

（媒体查询栏开关）：用于显示或隐藏媒体查询栏。

（实时视图与检查模式）：用于快速预览页面和实时查看元素解析后的属性。

（折叠整个标签）：用于折叠一组标签之间的内容。

（折叠所选）：用于折叠所选代码。

（扩展全部）：用于还原所有折叠的代码。

（选择父标签）：用于选择当前标签的父标签。

（格式化源代码）：用于为代码赋予标准格式。

（应用注释）：用于在所选代码两侧添加注释标签。

（删除注释）：用于删除注释。

（选取当前代码段）：用于选取当前代码段。

（缩进代码）：用于将选定内容向右移动。

（凸出代码）：用于将选定内容向左移动。

（自动换行）：用于自动换行。

（显示代码导航）：用于显示代码导航器。

（最近的代码片段）：用于向代码片段面板中插入代码。

（移动或转换 CSS）：用于移动 CSS 位置或转换 CSS 类别。

2. 属性检查器

默认状态下属性检查器并未开启，用户可以通过在菜单栏中执行"窗口"→"属性"命令，或者按下组合键 Ctrl+F3 来打开或关闭属性检查器。

当用户在设计视图中选择某个页面元素（如文本或图像）时，根据选定元素的不同，属性检查器所呈现的属性也不尽相同，如图 2-3 和图 2-4 所示。

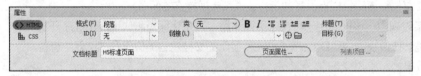

图 2-3　属性检查器（选定对象为文本）

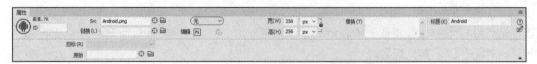

图 2-4　属性检查器（选定对象为图像）

3. "插入"面板

显示或隐藏"插入"面板的组合键是 Ctrl+F2。该面板用于创建和插入对象（如表格、图像和链接），其中包含多种按钮，这些按钮按照 7 种类别进行组织，部分类别如图 2-5 至图 2-8 所示。

（1）HTML 类别：用于创建和插入最常用的 HTML 标签，如图像、列表和动画标签等。

（2）表单类别：用于创建表单和插入表单元素。

（3）模板类别：包含用于创建模板时的多种操作按钮。

（4）Bootstrap 组件类别：在使用 Bootstrap 框架创建页面时，可以帮助用户快速插入 Bootstrap 类型的组件，如各类按钮或表单等。

图 2-5　HTML 类别　　图 2-6　表单类别　　图 2-7　Bootstrap 组件类别　　图 2-8　jQuery UI 类别

（5）jQuery Mobile 类别：可帮助用户快速设计出适合大多数移动设备的 Web 应用程序，同时可使其自身适应设备的各种尺寸。

（6）jQuery UI 类别：可帮助用户快速创建视觉良好的页面交互、特效及主题。

（7）收藏夹类别：用于将"插入"面板中最常用的按钮分组组织到某一公共位置。

上述各类别中，HTML 类别是"插入"面板中使用率非常高的类别，其部分按钮的含义如下。

⟨⟩（Div）：用于插入<div>标签。

（Image）：用于插入图像、占位符、热点等对象。

ul（无序列表）：用于插入无序列表标签。

（Navigation）：用于插入导航网页结构。

（电子邮件链接）：用于插入电子邮件链接。

（HTML5 Video）：用于插入视频。

（Canvas）：用于插入 HTML5 画布。

（日期）：用于插入多种格式的日期。

（水平线）：用于在光标处插入水平线。

4. "CSS 设计器"面板

"CSS 设计器"面板的作用在于跟踪影响当前所选页面元素的 CSS 样式规则和属性，打开或隐藏该面板的组合键是 Shift+F11，如图 2-9 所示。对于初学者来讲，"CSS 设计器"面板可以用于查看和修改 CSS 样式规则。而随着对 CSS 的熟悉，笔者建议读者手动书写 CSS 样式规则，这样不仅可以对各种属性有进一步了解，而且编写代码的效率会大幅提升。

5. 设置主、次浏览器

任何页面的开发都是边调试边修改，在 Dreamweaver 中可以添加多个浏览器，以方便在不同环境下调试。

① 在 Dreamweaver 中执行"编辑"→"首选项"命令，或按下组合键 Ctrl+U，即可打开"首选项"对话框。

② 在该对话框中，选择"实时预览"选项，即可在右侧窗格中增加或删除浏览器，这里设置 Google 浏览器为主浏览器，如图 2-10 所示，调用该浏览器的快捷键是 F12。

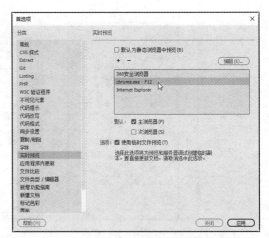

图2-9 "CSS设计器"面板　　　　　　图2-10 设置主、次浏览器

2.2 创建和管理站点

站点（site）指的是一个存储区域，它存储了一个网站的所有文件。在实际工作中，通常会为每一个要处理的网站建立一个本地站点，这样可以方便地对网站内部的文件进行组织、维护和管理。

微课视频

图2-11 "文件"面板

1. 本地站点

本地站点指的是在本地计算机硬盘中创建的用来存储整个网站文件的文件夹。制作网页文件的所有素材及其相关文件均要放在该站点内的文件夹下。在Dreamweaver中，使用"文件"面板管理站点，如图2-11所示。

2. 远程站点

远程站点指的是存储于Web服务器上的站点和相关文档。也就是说，用户发布到远程文件夹的文件和子文件夹是本地创建的文件和子文件夹的副本。

2.2.1 创建站点

进行网页制作的第一步就是创建本地站点，站点管理会让用户的工作变得简单而富有成效，况且许多功能必须在站点中才能实现。总之，如果不是仅编辑需要的单个页面，那么就必须创建站点。

【demo2-1】创建"My Site"站点

① 在Dreamweaver的菜单栏中执行"站点"→"新建站点"命令，显示图2-12所示的对话框。

② 在此对话框左侧选择"站点"类别，并在右侧"站点名称"文本框中输入"My Site"文字内容，然后单击 图标按钮，在弹出的对话框中为本地站点文件夹选择存储路径。需要特别注意的是，该站点文件夹可以位于本地计算机上，也可以位于Web服务器上。

③ 设置完成后，单击"保存"按钮，即可完成本地站点的创建。此时"文件"面板中会立刻显示新站点的根目录，如图2-13所示。

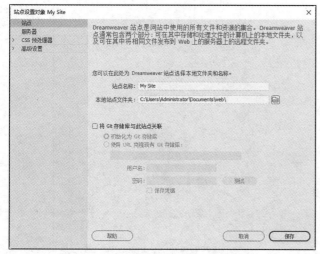

图 2-12 "站点设置对象 My Site"对话框

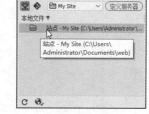

图 2-13 创建"My Site"站点

假如需要将本站点文件夹存放于 Web 服务器，则可以在页面左侧选择"服务器"类别，并在其中指定远程服务器上的远程文件夹。由于本案例不涉及发布页面操作，所以这里不需要进行任何设置。

2.2.2 "文件"面板的使用方法

站点创建完成后，站点内还没有任何文件。下面将主要介绍站点内的基本操作，这些操作也是工作过程中的第一个环节。

1. 新建文件夹和文件

【demo2-2】新建文件夹和文件

① 在成功创建站点的状态下，鼠标右键单击"文件"面板内的站点名称，然后在弹出的右键菜单中选择"新建文件夹"选项，如图 2-14 所示。

② 此时，在站点根目录下新增了一个文件夹，并且新建文件夹名称处于可编辑状态，如图 2-15 所示。这里将新建文件夹命名为"images"，用于存放站点的各类图像文件。

③ 重复步骤②可以创建多个文件夹。此外，选中某个文件夹将其拖放到另一个文件夹上面，释放鼠标即可实现嵌套文件夹的效果，如图 2-16 所示。

图 2-14 右键菜单

图 2-15 新建文件夹

图 2-16 嵌套文件夹

④ 若想要创建网页文件，只需执行"文件"→"新建"命令，或者按下组合键 Ctrl+N，这时显示"新建文档"对话框，如图 2-17 所示。

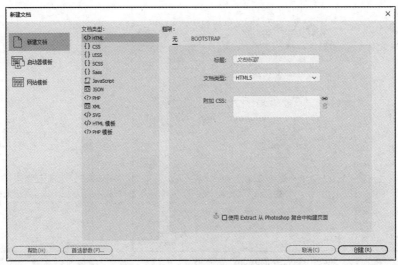

图 2-17 "新建文档"对话框

⑤ 选择对话框左侧的"新建文档"类别，从"文档类型"中选择"HTML"类型，然后在"框架"设置区域根据需要决定是否引入框架，这里选择"无"。

⑥ 根据需要还可以对文档的标题和是否需要附件 CSS 样式表进行设置。这些设置后续再进行详细讲解，这里单击"创建"按钮即可完成文档的创建。创建结束后，进入新建文档的编辑状态。

2. 站点内的基本操作

在"文件"面板中，可以方便地对站点内的文件执行复制、移动和删除等操作，这里以示例的方式讲述操作方法。

【demo2-3】站点内的基本操作

① 在"文件"面板中，鼠标右键单击某个文件或文件夹，在弹出的右键菜单中执行"编辑"命令的子命令，即可完成复制、粘贴、删除等操作，如图 2-18 所示。

② 当执行这些基本操作时，必定造成文件位置的变化，此时弹出图 2-19 所示的提示信息框。单击"是"按钮，将执行操作并自动更新与文件相关联的链接。

图 2-18 站点内的基本操作

图 2-19 更新文件

2.2.3 管理站点

创建好本地站点后，还需对站点进行多方面的管理，如打开站点、复制站点、编辑站点和删除站点等。

① 在 Dreamweaver 的菜单栏中执行"站点"→"管理站点"命令，显示图 2-20 所示的对话框。

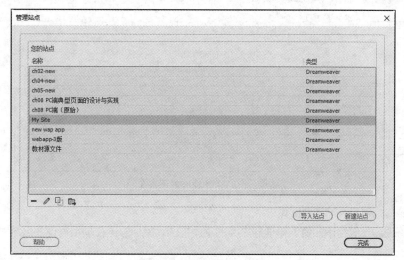

图 2-20 "管理站点"对话框

② 在列表框中双击某个站点的名称，即可对该站点的信息进行编辑。

③ 如果不需要 Dreamweaver 对某个本地站点进行管理，同样可以将其从站点列表框中删除。选择某个本地站点，单击 ▬ 按钮，经过确认后即可删除该站点。

④ 如果需要创建多个结构类似或相同的站点，则可以利用站点的复制功能。从一个基准的站点中复制多个站点，然后根据需要再进行二次开发，这样可以极大地提高工作效率。选择某个本地站点后，单击 按钮即可。

⑤ 站点导出功能可以方便地在各计算机和不同版本的软件之间移动站点。选择某个本地站点后，单击 按钮，此时弹出"导出站点"对话框。

⑥ 在该对话框中选择导出站点的保存位置，单击"保存"按钮，Dreamweaver 会将该站点保存为带有".ste"扩展名的 XML 文件。

⑦ 导入站点的操作与上述步骤相反，只需在"管理站点"对话框中单击"导入站点"按钮，然后选择之前导出的站点文件即可。

2.3 HBuilderX 工作环境概述

HBuilderX 一款 Web 前端开发工具，与 Dreamweaver 不同的是，HBuilderX 更侧重于纯代码的编写，在实际工作中使用的频率也更高。

2.3.1 HBuilderX 的安装与启动

① 访问 DCould（数字天堂）官方网站，下载 HBuilderX 绿色发行包，这里以 Windows 版为例。

② 将下载后的发行包解压至指定位置，运行其中的"HBuilderX.exe"文件，即可启动软件。使用 HBuilder 打开任何一个文档，呈现出的界面如图 2-21 所示。

微课视频

工具栏 ——————

资源管理器 ——————

迷你地图 ——————

编辑器 ——————

项目管理器 ——————

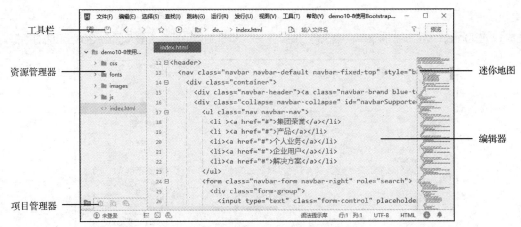

图 2-21　HBuilderX 的界面

- 编辑器：编辑文件的主要区域。
- 项目管理器：包含诸如资源管理器之类的不同视图，鼠标悬停在项目管理器区域时，会出现悬浮按钮。
- 工具栏：包含新建、保存、收藏、查找、预览等常用功能按钮。
- 迷你地图：为用户提供了源代码的高级概述，便于快速导航或跳转至文档不同的部分。

2.3.2　使用 HBuilderX 创建项目

HBuilderX 支持创建多种项目类型，主要有 Web 项目、5+App 项目、uni-app 项目等，这里以创建常规的 Web 项目为例介绍其操作方法。

【demo2-4】使用 HBuilderX 创建项目

① 启动 HBuilderX，在菜单栏执行"文件"→"新建"→"项目"命令，弹出如图 2-22 所示的对话框。

图 2-22　新建普通项目

② 在"项目名称"文本框中输入拟创建项目的名字，单击"浏览"按钮，选择项目保存的路径。根据需要选择项目类型，这里选择"基本 HTML 项目"，单击"创建"按钮后，HBuilderX 即可完成项目创建。

③ 在左侧资源管理器中，单击"index.html"文档。此时，文档代码即可在编辑器中显示。将鼠标定位在<body>与</body>之间，输入"<h1> Hello HBuilderX!</h1>"，如图 2-23 所示。

④ 在工具栏单击 ▶ 图标，或者按下组合键 Ctrl+R，选择本地某个浏览器即可预览，如图 2-24 所示。

图 2-23　编辑文档

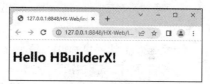

图 2-24　预览效果

2.3.3　安装扩展插件

HBuilderX 具有插件扩展功能，用户或开发人员可以下载或编写插件，以增强软件本身的功能。在菜单栏执行"工具"→"插件安装"命令，弹出如图 2-25 所示的对话框。根据需要，选择某款插件安装即可。

图 2-25　安装扩展插件

2.4 HTML5 入门

HTML 是前端开发必须学习的语言规范，就目前整个行业发展情况来看，HTML5 虽然已经广泛被浏览器支持，但支持程度不同，所以读者在学习 HTML 时除了要掌握其语言规范，还要掌握一些解决浏览器兼容性问题的小技巧。

前文已经介绍了 Dreamweaver 和 HBuilderX 的使用方法，读者可以根据自己喜好选择某种编辑器。

2.4.1 使用 Dreamweaver 构建 "H5 标准页面"

下面带领读者在 Dreamweaver 的环境中，构建一个 HTML5 页面，根据该页面学习 HTML5 的语言规范。

【demo2-5】使用 Dreamweaver 构建 "H5 标准页面"

① 根据 2.2.2 节所讲知识，创建一个空白的 HTML5 文档。

② 在 Dreamweaver 的代码视图中输入以下代码内容，使其成为一个有语义的 HTML5 文档。在输入过程中，Dreamweaver 会自动进行代码提示，以提高编写效率。

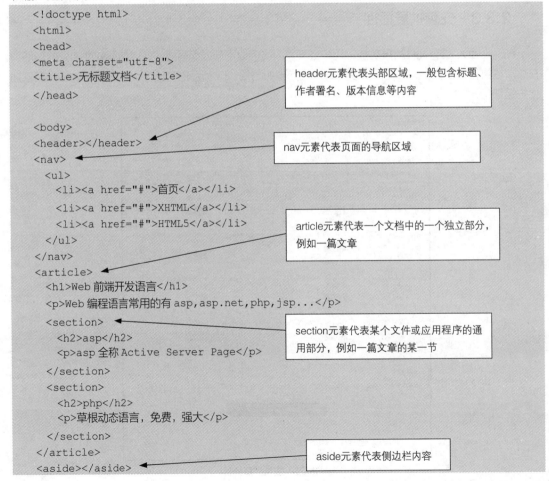

```html
<!doctype html>
<html>
<head>
<meta charset="utf-8">
<title>无标题文档</title>
</head>

<body>
<header></header>
<nav>
  <ul>
    <li><a href="#">首页</a></li>
    <li><a href="#">XHTML</a></li>
    <li><a href="#">HTML5</a></li>
  </ul>
</nav>
<article>
  <h1>Web 前端开发语言</h1>
  <p>Web 编程语言常用的有 asp,asp.net,php,jsp...</p>
  <section>
    <h2>asp</h2>
    <p>asp 全称 Active Server Page</p>
  </section>
  <section>
    <h2>php</h2>
    <p>草根动态语言，免费，强大</p>
  </section>
</article>
<aside></aside>
```

- header元素代表头部区域，一般包含标题、作者署名、版本信息等内容
- nav元素代表页面的导航区域
- article元素代表一个文档中的一个独立部分，例如一篇文章
- section元素代表某个文件或应用程序的通用部分，例如一篇文章的某一节
- aside元素代表侧边栏内容

```
<footer>Copyright ©wufeng. All Rights Reserved.</footer>
</body>
</html>
```

footer元素代表底部区域，一般包含版权信息

③ 由于没有编写 CSS 样式规则，这里将上述代码制作成结构示意图，以便读者理解各个区块的含义，如图 2-26 所示。

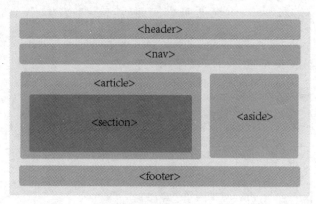

图 2-26　结构示意图

对于初学者来讲，猛然间输入上述代码肯定感觉有些困难，这是因为对标签的含义不理解。当开发人员读懂这种编码语言后，本案例其实是非常简单的。下面结合本案例中出现的标签，向读者进一步介绍 HTML5 文档结构的组成部分。

1. 标签的含义

标签是 HTML 中最基本的单位，它由一对尖括号"<　>"及标签名组成。标签分为起始标签和结束标签，图 2-27 中"<nav>"为起始标签，"</nav>"为结束标签，但也有一些标签仅有结束标签，没有起始标签，例如换行标签"</br>"。

<nav>导航标签</nav>

起始标签　　　结束标签

图 2-27　标签

2. 元素的含义

HTML 元素是组成 HTML 文档的最基本部件，例如在本案例中，header、nav、section、footer 等均为 HTML 元素，它们表示的语义各不相同。

3. 属性和值

属性和值存在于各种元素的起始标签中，用来表示元素的其他特性。属性和值之间使用等号进行连接。例如在本案例中，"<a href="#">首页</a>"表示一个文本链接，"href"为属性，"#"为属性的值，代码片段的含义：当单击"首页"文字链接时，跳转的页面为当前页面。

2.4.2　DOCTYPE 文档类型与基本结构元素

为了让读者进一步理解 DOCTYPE 文档类型与基本结构元素，这里以"凤凰网"为例，抓取该网站首页 head 区域的部分代码进行分析讲解。

微课视频

27

【demo2-6】DOCTYPE 文档类型

```
<!DOCTYPE html>
<html>
<head>
<meta charset="utf-8">
<title>凤凰网</title>
<meta name="keywords" content="凤凰,凤凰网,凤凰新媒体,凤凰卫视,凤凰卫视中文
台,phoenix"/>
<meta name="description" content="凤凰网是中国领先的综合门户网站,提供含文图音视频的全方
位综合新闻资讯、深度访谈、观点评论、财经产品等服务。"/>
<meta content="index,follow" name="robots"/>
<meta content="凤凰网" name="author"/>
<meta content="Copyright 1999-2020.www.ifeng.com.All Rights Reserved."
name="copyright"/>
<script src="http://h0.ifengimg.com/20150625/fa.min.js"></script>
<link href="http://y1.ifengimg.com/index/72x72_2520ifeng.png" rel="apple-touch-
icon"/>
</head>


<body>
</body>
</html>
```

1. DOCTYPE 文档类型

DOCTYPE 是 document type（文档类型）的简写。要建立符合标准的网页，DOCTYPE 声明是必不可少的关键组成部分，该标签必须以惊叹号开始，而且要放在文档的开始处，其他所有标签之前。

为什么要编写文档类型呢？因为 HTML 有多个版本，为了让浏览器正确解析对应版本的网页内容，所以要在文档的最前面对文档类型进行声明。

目前，绝大部分网站均使用 HTML5 的 DOCTYPE 声明，只有极少数陈旧站点仍采用 HTML 4.01 文档类型。如何判断当前网页采用的是何种文档类型呢？下面给出常见的 DOCTYPE 声明样式。

以下是 HTML5 的 DOCTYPE 声明。

```
<!DOCTYPE html>
```

以下是 XHTML 的 DOCTYPE 声明。

```
<!DOCTYPE html PUBLIC "-//W3C//DTD XHTML 1.0 Transitional//EN" "http://www.w3.
org/TR/xhtml1/DTD/xhtml1-transitional.dtd">
```

以下是 HTML 4.01 的 DOCTYPE 声明。

```
<!DOCTYPE html PUBLIC "-//W3C//DTD HTML 4.01 Transitional//EN" "http://www.w3.
org/TR/html4/loose.dtd">
```

通过上述多个 HTML 版本之间的对比，读者可以发现 HTML5 版本中的 DOCTYPE 声明最为简洁，记忆起来也最为方便。

2. 基本结构元素——html 元素

html 元素是包含网页文件最外围的一对标签，其作用是告诉浏览器整个文件是 HTML 格式，并且从<html>开始，至</html>结束。

3. 基本结构元素——head 元素、title 元素、meta 元素、script 元素、link 元素

（1）head 元素

head 元素内部包含的是网页的头部信息，这些信息不会作为内容显示在网页正文中，只是为浏览

器提供信息而已。

（2）title 元素

<title>标签用于定义页面的标题，该标题将显示在浏览器的左上角。<title>标签必须位于 head 元素内部，且一个 HTML 文档只能包含一对<title>标签。本案例中"<title>凤凰网</title>"预览后的效果如图 2-28 所示。

图 2-28　title 元素预览效果

（3）meta 元素

<meta>标签用于在 HTML 文档中模拟 HTTP 协议的响应头报文，常被搜索引擎用于检索网页，meta 元素本身只表示原始声明的意思，至于声明什么，由它的属性决定。meta 元素的属性很多，其中最重要的是 name 与 http-equiv 两个属性。

● name 属性

name 属性通常与搜索引擎相关。目前，搜索引擎都是通过 spider（网页蜘蛛或网络机器人）搜索来登录网站，这些 spider 需要用到 meta 元素的一些特性来决定怎样登录，如果网页上没有这些 meta 元素，搜索引擎则无法登录，以至于无法检索到指定的页面。对应本案例各种含义如下。

<meta charset="utf-8" />声明文档使用的字符编码；

<meta name=" keywords " content=" ">向搜索引擎说明网页的关键词；

<meta name=" description " content=" ">告诉搜索引擎站点的主要内容；

<meta content="index,follow" name="robots"/>是否引导网络机器人登录；

<meta content="凤凰网" name="author"/>告诉搜索引擎站点制作的作者；

<meta content=" " name=" copyright ">告诉搜索引擎站点的版权信息。

● http-equiv 属性

http-equiv 属性用于回应浏览器一些信息，以帮助浏览器正确显示网页内容。由于本案例未涉及此知识，这里仅介绍几种常见含义。

<meta http-equiv="Content-Language" content="zh-CN">用于设置网页制作所使用的文字及语句；

<meta http-equiv="Refresh" content="10;url=http:// www.ifeng.com /">设置某个页面 10 秒后跳转至凤凰网主页。

（4）script 元素

<script>标签用于定义客户端脚本，它既可以包含脚本语句，又可以通过 src 属性指向外部脚本文件。

（5）link 元素

<link>标签用于定义文档与外部资源的关系，本案例中引用外部 PNG 图片，并使用 Apple 设备的私有属性"apple-touch-icon"，在将网页"添加至主屏幕"时去掉 icon 上的透明层。

其实，link 元素最常见的用途是链接样式表，范例如下。

```
<link rel="stylesheet" type="text/css" href="style.css">
```

2.4.3　HTML5 常见元素

Web 页面中包含许多元素，这些元素按照有无内容来划分，可以分为"有内容的元素"和"空元素"；按照元素排列状态划分，可以分为"块级元素"和"内联元素"。

（1）块级元素：在浏览器上，块级元素通常是从一个新行开始显示，其后面的元素也需要另起一行显示。

（2）内联元素：在浏览器上，内联元素不需要另起一行显示，其后面的元素也不需要另起一行显示。

需要提前说明的是，本小节所讲解的知识仅需要读者有简单的直观理解，并记忆每个元素具体的含义，至于更多的使用方法，将会在后续章节结合实际商业案例再详细介绍。

1. 标题元素（块级元素）

为了使页面结构的语义化性质更强，可以通过标题元素对其加以标记，HTML 中的标题元素主要有 h1、h2、h3、h4、h5 和 h6。其中，h1 代表最顶级的标题，字号最大，重要性最强；h6 代表级别最小的标题，字号最小，重要性最弱。

微课视频

【demo2-7】标题元素

使用 Dreamweaver 创建 HTML5 文档，具体代码如下所示。

```
<!DOCTYPE html>
<html>
<head>
<meta charset="utf-8">
<title>demo2-7</title>
</head>
<body>
<h1>这是 1 级标题</h1>
<h2>这是 2 级标题</h2>
<h3>这是 3 级标题</h3>
<h4>这是 4 级标题</h4>
<h5>这是 5 级标题</h5>
<h6>这是 6 级标题</h6>
<h6 style="font-size:30px;">这也是 6 级标题（附加了样式）</h6>
</body>
</html>
```

本案例使用 h1～h6 设置了不同级别的标题，而且最后一个标题还特意使用 CSS 样式规则控制了标题的字号大小，预览效果如图 2-29 所示。

图 2-29　标题元素预览效果

通过预览可以看出，默认状态下被标题标签包裹的文字加粗且左对齐显示，每个级别的标题都有对应的权重，即便通过 CSS 样式规则改变字体大小，但该标题标签所包裹的内容仍然是 6 级标题。在实际应用时，1 级标题通常被用于设置网站 Logo 部分，或者文章正文的标题，其余级别的标题则按需使用。

2. 段落元素（块级元素）

为了使网页正文文字的段落排列更加整齐，段落之间使用段落标签（<p>和</p>）定义。

【demo2-8】段落元素

使用 Dreamweaver 创建 HTML5 文档，具体代码如下所示。

```
<!DOCTYPE html>
<html>
<head>
<meta charset="utf-8">
<title>段落元素</title>
</head>


<body>
<p>这里是第一段落文字内容。</p>
<p>这里是第二段落文字内容。</p>
<p>这里是第三段落文字内容。<br/>
   我被 br 换行，注意观察行间距。</p>
</body>
</html>
```

保存当前文档，通过浏览器预览的效果如图 2-30 所示。仔细观察段落之间的间距可以看出，p 元素是段落元素，使用该元素时会产生较大的行距，这是因为浏览器将文字内容当作段落处理，而段落本身存在段前、段后距离，所以显示较大行距，而在段落中间增加
标签后，行距明显减小，这也间接说明换行符
标签的作用。

3. img 元素（内联元素）

使用 img 元素可以向网页中嵌入一幅图像，<img>标签创建的是被引用图像的占位空间。<img>标签可以包含 HTML 的通用属性，其中必须包含两个属性：src 属性和 alt 属性。

微课视频

【demo2-9】img 元素

① 启动 Dreamweaver，将光标定位在需要插入图像的位置上。

② 在软件菜单栏中执行"插入"→"Image"命令，或者在"插入"面板的"HTML"类别中单击"Image"图标。

③ 此时，弹出"选择图像源文件"对话框，如图 2-31 所示。在该对话框中，选择需要的图像，右侧预览窗口即可显示预览效果，单击"确定"按钮即可。

图 2-30　段落元素预览效果

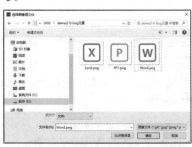

图 2-31　"选择图像源文件"对话框

④ 将图像插入页面中后，再次选中该图像，打开属性检查器，为图像增加"替换"和"标题"属性，如图 2-32 所示。

图 2-32 为图像增加"替换"或"标题"属性

⑤ 保存当前文档，通过浏览器预览该文档，预览效果如图 2-33 所示。

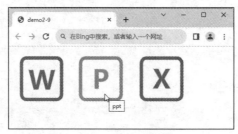

图 2-33 img 元素预览效果

提取本案例的部分源代码，并仔细学习：

```
<body>
<img src="Word.png" width="133" height="128" alt="word"/>
<img src="PPT.png" width="133" height="128" title="ppt"/>
<img src="Excel.png" width="133" height="128" alt="excel"/>
</body>
```

（1）src 属性

src 属性用于指明图像文件所在的位置，它的值是图像文件的 URL，即引用该图像的文件的绝对路径或相对路径。

对于本案例而言，图像素材已经存在站点的根目录下，这里图像的 src 属性的值为相对地址，即 src=" Word.png"；如果不在当前站点中（如图片存放在其他图片服务器中），则图像 src 属性的值为绝对地址，即 src="//image.suning.cn/images/Word.png"。

而在实际工作中，整个站点大面积使用相对路径还是绝对路径需要根据实际情况选择，"天猫"和"京东"采用的是相对路径，"苏宁易购"采用的是绝对路径（在浏览器中，按下组合键 Ctrl+U 可以快速查看源代码）。采用绝对路径的几个理由如下。

第一，使用其他网站的资源时，必须使用绝对路径；

第二，为了分担网站的负载压力，将网站的资源分散到其他服务器上执行时，也会考虑使用绝对路径。

（2）alt 属性

alt 属性用于指定在图像无法显示时的替代文本。这里建议在网页制作时为每个图像添加该属性，这样即使图像无法显示，用户还可以看到未显示的图像信息。此外，当用户将鼠标移动到该图像上方时，浏览器同样会在一个文本框中显示这个描述性文本。

（3）title 属性

title 属性用于规定元素的额外信息。某些浏览器对 alt 属性并不支持，当出现此种情况时，需要使用 title 属性代替 alt 属性实现同样的效果。

4. a 元素（内联元素）

通过<a>标签的 href 属性可以在网页中定义链接，链接主要分为站点内部链接、站点外部链接、电子邮件链接和锚点链接。

【demo2-10】a 元素

使用 Dreamweaver 创建 HTML5 文档，具体代码如下所示。

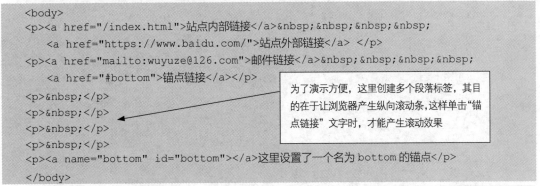

```
<body>
<p><a href="/index.html">站点内部链接</a>    
    <a href="https://www.baidu.com/">站点外部链接</a> </p>
<p><a href="mailto:wuyuze@126.com">邮件链接</a>    
    <a href="#bottom">锚点链接</a></p>
<p> </p>
<p> </p>
<p> </p>
<p> </p>
<p><a name="bottom" id="bottom"></a>这里设置了一个名为 bottom 的锚点</p>
</body>
```

> 为了演示方便，这里创建多个段落标签，其目的在于让浏览器产生纵向滚动条，这样单击"锚点链接"文字时，才能产生滚动效果

保存当前文档，通过浏览器预览，显示效果如图 2-34 所示，从预览图中可以看出，超链接文字依次排列，印证了 a 元素是内联元素的属性。

图 2-34　a 元素预览效果

此外，本案例中所包含的多种链接，它们的含义依次如下。

（1）站点内部链接：这种链接的目标是本站点中的其他文档。利用这种链接，可以在本站点内的页面中相互跳转。

（2）邮件链接：这种链接可以启动电子邮件程序书写邮件，并发送到指定地址。

（3）站点外部链接：这种链接的目标是互联网中的某个页面。利用这种链接，可以跳转到其他网站上。

（4）锚点链接：这种链接的目标是文档中的命名锚记。利用这种链接，可以跳转到当前文档或其他文档的某一指定位置。

需要说明的是，如果 a 元素中 href 属性的值是外部链接，则网址前面必须增加"http://"或"https://"。另外，超链接的外观样式和颜色均可以通过 CSS 中的伪类进行美化，后续章节将会详细讲解。

5. 列表元素 ul、ol、dl（块级元素）

HTML 中常见的列表元素有 ul 元素（无序列表）、ol 元素（有序列表）、dl 元素（自定义列表）和 li 元素（列表项）。

微课视频

（1）ul 元素

ul 元素所包含的列表项将以粗点方式显示，且没有特定的顺序。

（2）ol 元素

ol 元素与 ul 元素类似，只不过其包含的列表项以顺序数字方式显示。

（3）dl 元素

dl 元素不仅仅是一列项目，而是项目及其注释的组合。dl 元素以<dl>标签开始，每个自定义列表项以<dt>标签开始，每个注释以<dd>标签开始。

（4）li 元素

li 元素用于定义列表里面的条目，可用在有序列表和无序列表中。

【demo2-11】列表元素

使用 Dreamweaver 创建 HTML5 文档，具体代码如下所示。

```
<!DOCTYPE html>
<html>
<head>
<meta charset="utf-8">
<title>demo2-11</title>
</head>

<body>
<h3>ul（常用于导航）</h3>
<ul>
  <li><a href="#">天猫超市</a></li>
  <li><a href="#">天猫国际</a></li>
  <li><a href="#">天猫会员</a></li>
  <li><a href="#">品牌街</a></li>
  <li><a href="#">喵生鲜</a></li>
  <li><a href="#">医药馆</a></li>
</ul>
<h3>ol（常用于排名推荐）</h3>
<ol>
  <li>北京欢乐谷日场门票</li>
  <li>天目湖温泉 2 日自由行</li>
  <li>杭州西湖游船惬意 2 日游</li>
  <li>韩国济州岛 3 晚 4 日经典游</li>
</ol>
<h3>dl（常用于内容解释）</h3>
<dl>
  <dt>自定义列表 </dt>
  <dd>自定义列表不仅仅是一列项目，而是项目及其注释的组合。</dd>
</dl>
</body>
</html>
```

保存当前文档，通过浏览器预览，显示效果如图 2-35 所示。

图 2-35　列表元素预览效果

由本案例可以看出，浏览器在对无序列表解析时，由于 li 元素的存在，会自动添加一个项目符号，并且缩进一定的距离，li 元素仅能作为列表项包含于无序列表和有序列表之中，不能单独使用；对有序列表进行解析时，ol 元素内的列表项自动从 1 开始对有序列表项进行编号，而不采用项目符号；对自定义列表进行解析时，可以将<dt>标签理解为标题，<dd>标签理解为内容，<dl>标签理解为承载的容器。

微课视频

6. div 元素（块级元素）和 span 元素（内联元素）

<div>标签本身没有任何语义，仅起到分割区域的作用，它常用于组合块级元素中，以便通过 CSS 来对这些元素进行格式化。

<span>标签同样没有语义，如果不对<span>标签使用 CSS 定义样式，<span>标签所包裹的文字与其他文本就不会有任何视觉上的差异。<span>标签存在的意义就是，它提供了一种将文本的一部分独立出来的方式。

【demo2-12】div 元素和 span 元素

使用 Dreamweaver 创建 HTML5 文档，具体代码如下所示。

```
<!DOCTYPE html>
<html>
<head>
<meta charset="utf-8">
<title>demo2-12</title>
<style type="text/css">
span {
        color: #F00;
}/*设置字体颜色为红色*/
</style>
</head>

<body>
<div id="headLine_beijing">
  <h2><span>北京</span>财经</h2>
  <ul>
    <li><a href="#">震荡行情 跑赢财富市场秘诀</a></li>
    <li><a href="#">当前股市的投资分析框架</a></li>
  </ul>
</div>
<div id="headLine_shanghai">
  <h2><span>上海</span>财经</h2>
  <ul>
    <li><a href="#">A 股下周将发生这一幕</a></li>
    <li><a href="#">目前行情下投资股票的新方式</a></li>
  </ul>
</div>
</body>
</html>
```

这里为span元素编写对应的CSS样式代码，其目的是让演示效果突出显示

这里为div元素增加了id属性，并编写唯一的名称，使其看起来有一定的语义

这里对文字使用<span>标签包裹,配合页面头部编写的CSS样式，预览时会呈现红色效果

本案例中，首先使用两个 DIV 容器将页面内容进行分割（由于 div 元素是块级元素，所以页面内容上下排列），然后又使用<span>标签对部分文字内容进行包裹。保存当前文档，通过浏览器预览的效果如图 2-36 所示。

图 2-36　div 元素和 span 元素预览效果

7．table 元素（块级元素）

HTML 中常见的表格元素有 table（表格）元素、tr（表格行）元素、th（表头）元素和 td（单元格）元素，这些元素组成了表格的基本结构。

【demo2-13】table 元素

使用 Dreamweaver 创建 HTML5 文档，具体代码如下所示。

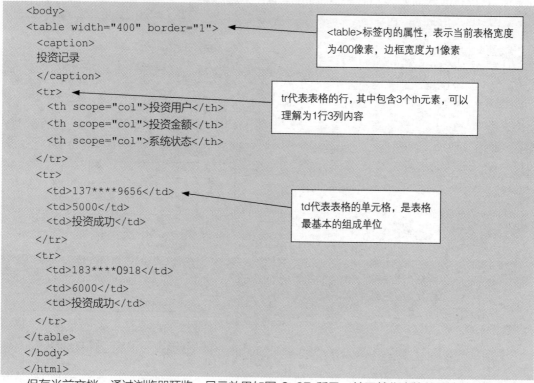

```
<body>
<table width="400" border="1">
  <caption>
  投资记录
  </caption>
  <tr>
    <th scope="col">投资用户</th>
    <th scope="col">投资金额</th>
    <th scope="col">系统状态</th>
  </tr>
  <tr>
    <td>137****9656</td>
    <td>5000</td>
    <td>投资成功</td>
  </tr>
  <tr>
    <td>183****0918</td>
    <td>6000</td>
    <td>投资成功</td>
  </tr>
</table>
</body>
</html>
```

<table>标签内的属性，表示当前表格宽度为400像素，边框宽度为1像素

tr代表表格的行，其中包含3个th元素，可以理解为1行3列内容

td代表表格的单元格，是表格最基本的组成单位

保存当前文档，通过浏览器预览，显示效果如图 2-37 所示。关于美化表格的更多知识将在后续章节进行讲解。

图 2-37　table 元素预览效果

在本案例中，除了涉及组建表格的基本元素，还有其他元素和属性需要学习。

（1）border 属性

border 属性用于规定表格边框的宽度，该属性是可选属性，默认情况下表格是没有边框的。本案例将 border 属性设置为"1"，表示在整个表格外环绕 1 像素宽度的边框。

（2）caption 元素

caption 元素用于定义表格的标题。<caption>标签必须紧随<table>标签之后，且只能对每个表格定义一个标题。

（3）scope 属性

微课视频

scope 属性可以将数据单元格与表头单元格联系起来。指定属性值为"row"时，会将当前行的所有单元格和表头单元格联系起来；指定属性值为"col"时，会将当前列的所有单元格和表头单元格联系起来。

8. video 元素（内联元素）和 audio 元素（内联元素）

video 元素和 audio 元素是 HTML5 新增的多媒体类元素，通过该元素的标识，浏览器自身利用 HTML5 提供的视频和音频接口，在不使用插件的环境下，就可以播放视频和音频。然而在实际应用方面，目前主流视频网站如优酷视频、搜狐视频、腾讯视频，都直接使用<video>标签来引入视频，再配合其他容器功能实现播放控制。所以，这里对 video 元素和 audio 元素加以简单介绍。

（1）video 元素

目前，video 元素支持的视频类型有 3 种：OGG（带有 Theora 视频编码和 Vorbis 音频编码的 OGG 文件）、MPEG4（带有 H.264 视频编码和 AAC 音频编码的 MPEG4 文件）、WebM（带有 VP8 视频编码和 Vorbis 音频编码的 WebM 文件）。

（2）audio 元素

audio 元素能够播放声音文件或者音频流，其使用方法与 video 元素类似。audio 元素支持的音频类型有 3 种，即 OGG Vorbis、MP3 和 WAV。

【demo2-14】video 元素和 audio 元素

① 将预先准备的视频文件和音频文件放置在根目录下。

② 使用 Dreamweaver 创建 HTML5 文档，具体代码如下所示。

```
<body>
<video width="320" height="240" controls="controls">
  <source src="video.mp4" type="video/mp4">
  <source src="video.ogg" type="video/ogg">
  对不起！您的浏览器不支持 video 元素。 </video>
<audio controls>
  <source src="audio.mp3" type="audio/mp3">
  对不起！您的浏览器不支持 audio 元素。 </audio>
</body>
</html>
```

> source元素可以链接不同格式的视频文件，浏览器可以从中进行自动选择

保存当前文档，通过浏览器预览，显示效果如图 2-38 所示。在本案例中，controls 属性提供了播放、暂停和音量控件，方便用户对视频进行控制；width 属性和 height 属性定义了视频显示的范围；source 元素可以链接不同格式的视频和音频文件，浏览器将自动使用第一个可识别的格式。

需要特别说明的是，由于此类多媒体类元素在不同浏览器中的外观是不一样的，所以当要统一外观样式时，就需要开发人员自己使用 Div+多媒体的 API 来实现进度条的外观控制。

图 2-38　video 元素和 audio 元素预览效果

2.4.4　HTML5 新增结构元素

HTML5 新增结构元素在【demo2-5】的源代码中已经进行了初步讲解，这里对每个元素更为详细的含义加以讲解。

1. header 元素

header 元素用于定义文档的页眉，是一种具有引导作用的结构元素，一般用来放置整个页面或某个区块的标题。HTML5 并未限制使用 header 元素的个数。

2. nav 元素

nav 元素用于定义导航链接的部分。一个页面可以包含多个 nav 元素，使其作为页面整体或者不同部分的导航。

3. section 元素

section 元素用于对网站中的内容进行分块，当需要描述页面逻辑区域时，可以使用 section 元素代替之前的 div 元素。

4. article 元素

article 元素用于定义独立的、完整的、可以单独被外部引用的内容。该元素所包含的内容可以是一篇文章、一段独立的用户评论或者一篇独立的论坛帖子。

article 元素通常拥有它自己的标题（该标题一般使用 header 元素进行包裹），有时还有自己的脚注（该脚注一般使用 aside 元素进行包裹）。

5. aside 元素

aside 元素用来表示当前文章的附属信息，它可以包含与当前页面相关的引用、侧边栏、导航条及其他有别于主要内容的部分。

当 aside 元素被包含在 article 元素内部时，其主要作用是表示当前文章的附属信息；当 aside 元素处在 article 元素外部时，其主要作用是表示站点的全局附属信息，如友情链接、其他文章列表和广告列表等。

6. footer 元素

footer 元素通常包括其相关的区块信息，如相关阅读链接和版权等，设计者可以在文档的多个地方使用多个 footer 元素。

7. section 元素与 article 元素的区别

在 HTML5 中，section 元素与 article 元素的侧重点不同，section 元素强调的是分块，而 article

元素强调的是独立性。例如，section 元素就像报纸中的娱乐版和体育版，而 article 元素就像某个版块中的一篇文章。

最后，总结几点关于 section 元素的禁忌。

（1）不要在没有标题的内容区块中使用 section 元素。

（2）不要将 section 元素用于设置页面的容器，应使用 div 元素。

（3）如果 article 元素更符合使用条件，尽量不要使用 section 元素。

2.5 课堂动手实践

【思考】

1. 什么是设计视图和代码视图？

2. 举例说明，什么是块级元素，什么是内联元素。

3. 在 HTML5 新增的结构元素中，section 元素与 article 元素的区别是什么？

4. header 元素能否在页面中多次出现？

【动手】

1. 使用列表元素制作图 2-39 所示的嵌套列表。

2. 掌握 a 元素的基本含义，通过网络搜索，独立实现"单击文字链接，弹出 QQ 对话框"的功能，最终效果如图 2-40 所示。

图 2-39　嵌套列表

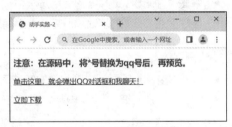

图 2-40　超链接案例

Web Design
with HTML5
and CSS3

第 3 章
CSS3基础入门

【本章导读】

由于访问者接触不到站点后台程序，所以他们判断网站是否优劣通常只看外观。说到"外观"，就不能不提 CSS，它是控制页面各类元素位置和形态的基本语言。通过 CSS 可以实现许多漂亮的版式效果。

在实际项目开发中，团队通常选择一种开放的 CSS 框架作为基准，然后在这个基准上进一步开发特有的样式。这种处理方式不仅提高了开发效率，还降低了开发成本。对 Web 前端工程师而言，无论其水平高低，都要能看懂或会用这些框架，这就需要有坚实的 CSS 基础知识作为铺垫。本章就从基础出发，向读者详细介绍 CSS 的基础知识及选择器的使用方法。

【学习目标】

- 了解 CSS 的相关介绍；
- 掌握 CSS 语法与注释及引入方式；
- 掌握 CSS 盒模型的相关知识；
- 掌握各种 CSS 选择器的使用方法；
- 能够使用 CSS 的基础知识完成页面简易美化。

【素质目标】

- 提升学生的规矩意识，强化学生的诚信精神；
- 引导学生从"细""小"做起，重点培养学生新时代工匠精神和爱岗敬业的操守精神。

【思维导图】

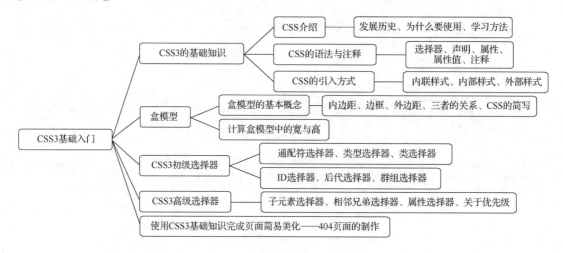

3.1 CSS3 的基础知识

CSS 是由 W3C 的 CSS 工作组创建和维护的。它是一种不需要编译，可直接由浏览器执行的标记性语言，用于控制 Web 页面的外观。用户通过 CSS 控制页面各元素的属性，可将页面的内容与表现形式进行分离。

3.1.1 CSS 介绍

1. CSS 的发展历史

CSS 有多种版本，CSS1 是 1996 年 W3C 的一个正式规范，其中包含最基本的属性（如字体、颜色和空白边）。CSS2 在 CSS1 的基础上增添了某些高级概念（如浮动和定位）及高级的选择器（如子选择器、相邻同胞选择器和通用选择器），并于 1998 年作为正式规范发布。CSS3 是 CSS2 的一个升级版本，它将以前的规范分解为多个小模块进行管理，这些模块包括盒模型、列表模块、超链接方式、语言模块、背景和边框、文字特效和多栏布局等。

微课视频

2. 为什么要使用 CSS

使用 CSS 好比装修房子，如果不使用样式，相同的标签结构表现出的外观都是一样的，没有任何美观可言，只有对网页中的各类标签进行控制和"装修"，才能展现更好的效果。CSS 与 HTML 之间的关系示意图如图 3-1 所示。

使用 CSS 的好处体现在以下几方面。

（1）简化了网页的格式代码，外部样式被暂存在浏览器缓存中，加快了网页的显示速度。

（2）方便网页风格的更新，缩短更新和维护的时间。

一个或多个 CSS 文档可以同时作用于一个 HTML 文档

图 3-1　CSS 与 HTML 的关系示意图

（3）由于代码减少，汇总起来能够节约很多流量，这样便间接地减少了服务器和带宽的费用，节约资金。

【demo3-1】认识 CSS

使用 Dreamweaver 创建 HTML5 文档，具体代码如下所示。这里仅需让读者知道 CSS 是哪一段代码，至于其中的含义，本案例不要求掌握。

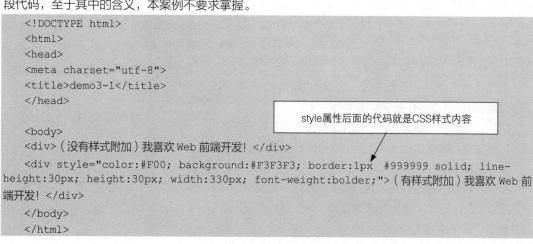

```
<!DOCTYPE html>
<html>
<head>
<meta charset="utf-8">
<title>demo3-1</title>
</head>

<body>
<div>（没有样式附加）我喜欢 Web 前端开发！</div>
<div style="color:#F00; background:#F3F3F3; border:1px  #999999 solid; line-
height:30px; height:30px; width:330px; font-weight:bolder;">（有样式附加）我喜欢 Web 前
端开发！</div>
</body>
</html>
```

style属性后面的代码就是CSS样式内容

保存当前文档，通过浏览器预览的效果如图 3-2 所示。

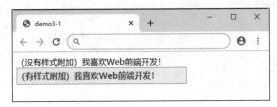

图 3-2　"认识 CSS"预览效果

3. CSS 的学习方法

学习 CSS 样式，主要学习的是 CSS 属性和 CSS 选择器。因为 CSS 本身就是由大量的属性和属性值组成的，读者需要认识许多属性，并且还要掌握这些属性能够赋哪些值；而选择器的知识相对简单，无论样式属性是什么，要想正确书写，就必须掌握选择器的知识。

这里需要说明的是，完整的 CSS 样式内容非常多，本节接下来向读者介绍的均是非常简单的样式属性，更多的样式已经分散到各个章节中进行介绍，而未涉及的样式内容，读者在学习或工作中可以参考"CSS 3.0 帮助文档"。

3.1.2　CSS 的语法与注释

1. CSS 语法

CSS 由两部分构成：一部分是选择器（selector），另一部分是一条或多条声明。这里的声明由一个属性（property）和一个属性值（value）组成。CSS 语法格式如下。

微课视频

```
selector { property:value; }
```

（1）选择器（selector）：选择器的作用就是告诉浏览器，此处的样式将匹配页面的哪些对象。选择器的具体内容详见 3.3 节。

（2）声明：声明的作用就是告诉浏览器怎样去渲染页面中与选择器相匹配的对象。

（3）属性（property）：属性主要以单词形式出现，并且都是 CSS 预设好的。

（4）属性值（value）：属性值跟随属性而改变形式，包括数值、单位和关键字。

例如，将 HTML5 页面中<body></body>标签内的所有文字大小设置为 12px，背景色改为绿色，其 CSS 代码如下。

在本案例中，body 是选择器，background 和 font-size 是属性，green 和 12px 是属性值。这里总结两点书写 CSS 代码需要注意的内容。

（1）声明都是紧跟选择器的，并且被大括号包裹。

（2）属性和属性值之间用英文的冒号隔开，最后以分号结束。

2. CSS 注释

CSS 注释是对当前 CSS 代码或某一段代码的文字说明，它可以帮助书写者或协同工作的同事快速理解 CSS 代码的含义。CSS 注释以"/*"开始，以"*/"结束，"/*"和"*/"之间包裹的部分就是注释，例如下面的注释。

```
/* The author: WuFeng
 * Update Time: 20231230 */
html {
    font-family: "微软雅黑";/*设置字体类型*/
}
```

注释版权信息，对某项规则进行说明

善于使用注释可以增强 CSS 代码的可读性，也会使 CSS 代码的后期维护更新操作更加便利。

3.1.3 CSS 的引入方式

之前已经讲解了 CSS 语法及书写 CSS 代码时应该注意的地方，那么如何将 CSS 的内容与页面文档联系起来呢？这里向读者介绍 3 种引入方式，即内联样式（inline style）、内部样式（internal style sheet）和外部样式（external style sheet）。

微课视频

1. 内联样式

使用内联样式可以将 CSS 样式规则书写在某个标签的 style 属性上。该类型的样式仅作用于当前标签上，作用范围虽小，但优先级最高。

【demo3-2】内联样式

使用 Dreamweaver 创建 HTML5 文档，并在其中创建内联样式，使其作用在不同类型的元素上，主要代码如下。

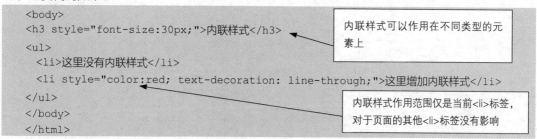

```
<body>
<h3 style="font-size:30px;">内联样式</h3>
<ul>
  <li>这里没有内联样式</li>
  <li style="color:red; text-decoration: line-through;">这里增加内联样式</li>
</ul>
</body>
</html>
```

内联样式可以作用在不同类型的元素上

内联样式作用范围仅是当前<li>标签，对于页面的其他<li>标签没有影响

保存当前文档，通过浏览器预览的效果如图 3-3 所示。

图 3-3　内联样式预览效果

通过本案例可以发现，内联样式的优点是编写起来比较直观明了，在哪个标签内编写，哪个标签生效；缺点是该内联样式不能在网页其他地方重复使用。

内联样式的使用频率又是如何呢？通过对各大主流网站的分析可以发现，天猫首页包含 9 处内联样式，京东首页包含 3 处内联样式，新浪首页包含 278 处内联样式，搜狐首页包含 45 处内联样式，由此判断，基本上各大网站都在使用内联样式，使用频率根据页面需要有很大差距（页面查找方法：打开某网站主页，按组合键 Ctrl+U 查看源码，按组合键 Ctrl+F，搜索"style="关键字即可）。

2. 内部样式

使用内部样式可以将 CSS 样式规则书写在<style>标签里，而<style>标签通常又定义在<head>标签内部（其他区域可以放置），所以这种引入方式决定了该样式表将作用于本页面，而不能控制其他页面。

【demo3-3】 内部样式

使用 Dreamweaver 创建 HTML5 文档，在其中创建少量结构代码，并在页面的 head 区域插入<style>标签，具体代码如下所示。

```html
<!doctype html>
<html>
<head>
<meta charset="utf-8">
<title>demo3-3</title>
<style type="text/css">
li {
     font-style: italic;/*设置文字外观倾斜*/
}
span {
     color: #F00;/*设置字体颜色*/
     font-size: 26px;/*设置字号大小*/
}
</style>
</head>

<body>
<h3>内部样式</h3>
<ul>
   <li>内联样式作用范围是当前页面<span>（第一个 li 标签）</span></li>
   <li>内联样式作用范围是当前页面<span>（第二个 li 标签）</span></li>
</ul>
</body>
</html>
```

> 这里的li和span是类型选择器，其后书写大括号，大括号里面的内容是具体的样式规则

> 选择器使得对应的CSS样式规则作用在页面所有li元素和span元素上面

保存当前文档，通过浏览器预览的效果如图 3-4 所示。

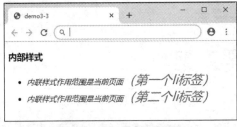

图 3-4　内部样式预览效果

通过本案例可以发现，内部样式在编写时需要被<style>标签所包裹，并且需要使用选择器来告诉浏览器样式的内容作用在哪些元素上。此外，由于本案例中使用的是类型选择器，所以页面中所有同类元素会同时使用对应的 CSS 样式规则。

内部样式的使用频率又是如何呢？通过对各大主流网站的分析可以发现，天猫首页包含 1 处内部样式，搜狐首页包含 1 处内部样式，新浪首页包含 18 处内部样式，京东首页包含 2 处内部样式。由

于内部样式作用范围仅限于当前页面，所以使用的频率相对较少（页面查找方法：打开某网站主页，按组合键 Ctrl+U 查看源码，按组合键 Ctrl+F 搜索"</style>"关键字即可）。

3. 外部样式

外部样式是将 CSS 代码单独写到一个 CSS 文件内，然后在网页源代码中使用<link>标签将样式文件引入页面中，并书写在 head 区域内。

外部样式是实际工作中最常用的一种形式，因为它真正做到了将 HTML 代码与样式相分离，便于团队开发。不但本页可以调用外部样式，其他页面也可以调用。

【demo3-4】外部样式

① 启动 Dreamweaver，执行"站点"→"新建站点"命令，创建站点。

② 在站点内部创建用于放置 CSS 文件的"style"文件夹。

③ 创建 HTML5 文档，并在其中输入相关结构代码，具体内容如下，最后命名为"demo3-4.html"。

```
<body>
<h3>外部样式</h3>
<ul>
  <li>外部样式作用范围是整个站点<span>（第一个 li 标签）</span></li>
  <li>外部样式作用范围是整个站点<span>（第二个 li 标签）</span></li>
</ul>
</body>
```

④ 在 Dreamweaver 中，执行菜单栏的"文件"→"新建"命令，弹出"新建文档"对话框。

⑤ 选择对话框左侧的"新建文档"类别，从"文档类型"列表框中选择"CSS"类型，如图 3-5 所示，然后单击"创建"按钮，即可创建一个 CSS 空白文档。

⑥ 将此外部 CSS 文档保存在"style"文件夹下，并重命名为"style.css"，如图 3-6 所示。

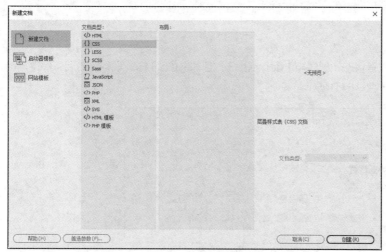

图 3-5　创建 CSS 文档

图 3-6　CSS 文档存储位置

⑦ 使"demo3-4.html"文档在 Dreamweaver 中处于被编辑状态，执行"窗口"→"CSS 设计器"命令，打开"CSS 设计器"面板，单击面板顶部"源"文字旁边的"+"按钮，选择其中的"附加现有的 CSS 文件"选项，此时弹出"使用现有的 CSS 文件"对话框。

⑧ 在此对话框中，单击"浏览"按钮，将外部样式文件"style.css"链接到"demo3-4.html"

文档中，如图 3-7 所示。

此时，软件界面显示两个文件已经成功链接，如图 3-8 所示。用户单击某个文件，可以在这两个文件之间相互切换。

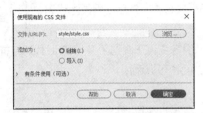

图 3-7　将 CSS 文档链接至页面　　　　　　　　图 3-8　两个文件已经成功链接

⑨ 再次观察网页 head 区域代码，通过之前在 Dreamweaver 中的操作，其实仅在 head 区域增加了<link>标签将 HTML 文件与 CSS 文件进行关联，具体代码如下。

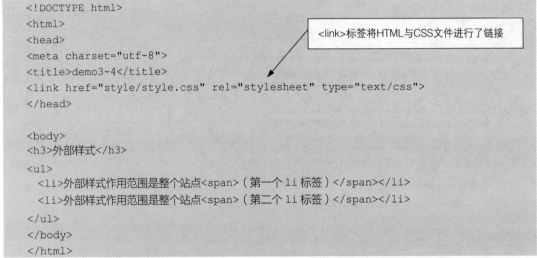

```html
<!DOCTYPE html>
<html>
<head>
<meta charset="utf-8">
<title>demo3-4</title>
<link href="style/style.css" rel="stylesheet" type="text/css">
</head>

<body>
<h3>外部样式</h3>
<ul>
  <li>外部样式作用范围是整个站点<span>（第一个 li 标签）</span></li>
  <li>外部样式作用范围是整个站点<span>（第二个 li 标签）</span></li>
</ul>
</body>
</html>
```

<link>标签将HTML与CSS文件进行了链接

⑩ 进入 style.css 的编辑状态，创建与【demo3-3】相同的 CSS 样式规则。最后，保存当前文档，通过浏览器预览的效果如图 3-9 所示。

图 3-9　外部样式预览效果

本案例介绍了在 Dreamweaver 中实现外部样式的链接与编写操作，笔者建议读者手动书写<link>标签的内容，从而加强对各属性含义的认知。

通过本案例可以了解，外部样式的内容在整个站点内部都可以使用，具有高度的重用性。而且，HTML 代码与 CSS 样式完全分离，遵守 W3C 的规范，使得代码阅读起来赏心悦目。

外部样式的使用频率又是如何呢？通过对各大主流网站的分析可以发现，天猫首页包含 1 处外部样式，搜狐首页包含 2 处外部样式，新浪首页包含 1 处外部样式，京东首页包含 2 处外部样式。根据上述数据，读者可能会认为外部样式使用的频率很低，其实这是不正确的。原因是，在项目开发时肯定需要用到外部样式，但从站点安全角度考虑，站点发布后需要通过 JavaScript 脚本再将外部样式的内容写入内部样式中，这样访问者就无法直接引用或下载站点的 CSS 文件，达到了保护站点内容的目的。

3.2 盒模型

盒模型是 CSS 样式的重要部分，只要掌握盒模型的各种情况，读者就可自由地控制页面中各元素的出现情况。

3.2.1 盒模型的基本概念

盒模型（box model）是 CSS 控制页面时的重要概念，它指定了元素如何显示及如何相互交互。只有很好地掌握盒模型的知识，才能真正控制页面中每个元素的位置。

微课视频

盒模型将页面中的每个元素看作一个矩形框，每个矩形框均由元素内容区域、内边距（padding）、边框（border）和外边距（margin）组成，如图 3-10 所示。

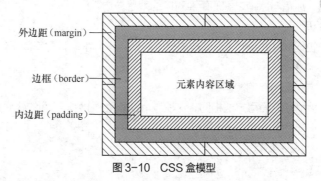

图 3-10　CSS 盒模型

从图 3-10 中可以清楚地理解，任何一个元素内容区域都是被内边距、边框和外边距包含，盒模型的大小就是该元素在页面中所占用空间的大小。

盒模型最里面的部分就是元素的内容，内边距紧紧包围在内容区域的周围，如果给某个元素添加背景色或背景图像，则该元素的背景色或背景图像也将出现在内边距中。内边距的外侧边缘是边框，边框以外是外边距。边框的作用就是在内、外边距之间创建一个隔离带，以避免视觉上的混淆。

内边距、边框和外边距这些属性都是可选的，其默认值都是 0。但是，许多元素是由"用户代理样式表"设置外边距和内边距的。为了使页面在被多种浏览器解析时外观统一，通常将元素的 margin 和 padding 设置为零来覆盖这些浏览器样式，这也是页面初始化时常见的操作，具体代码如下。

```
* {
  margin: 0;
  padding: 0;
}
```

1. 内边距

内边距位于元素内容区域与边框之间，影响这个区域的属性是 padding 属性，默认值为 0。该属性的值可以是长度值或百分比值，但不允许是负值。此外，还可以通过单边内边距属性设置上、下、左、右4个方向上的边距，具体内容详见表3-1。

表3-1 内边距属性

属性	描述
padding-bottom	设置元素的下内边距，且不会影响行高计算
padding-left	设置元素的左内边距，仅在元素所生成的第一个行内框的左边出现
padding-right	设置元素的右内边距，仅在元素所生成的第一个行内框的右边出现
padding-top	设置元素的上内边距，且不会影响行高计算

2. 边框

边框是围绕在元素内容区域与内边距之间的线。在 CSS 中，可以将边框属性应用于任何元素，该属性有3个特征：样式、宽度和颜色。

3. 外边距

在元素边框之外的空白区域就是外边距，使用外边距属性的目的就是控制元素与元素之间的距离，默认值是0。该属性可以使用任何长度单位，如像素（px）、英寸、毫米或 em（相对长度单位）。

4. 盒模型中内边距、边框和外边距的关系

对于盒模型的相关属性，可以这样理解：假如用户购买了一台冰箱，那么冰箱对应的就是网页中的元素内容，冰箱外面包裹的塑料泡沫对应的就是内边距，包装冰箱的纸盒子对应的就是边框，如果多台冰箱放在一起，冰箱与冰箱之间的距离对应的就是外边距。

5. CSS 的简写

内、外边距及边框属性在编写 CSS 样式规则时使用率非常高，对其简写的掌握可以减少代码量，提高编写效率。

（1）padding 与 margin 的简写

padding 与 margin 的简写方法相同，这里以 padding 为例，下面的代码是没有简写的样式。

```
div {
    padding-top: 10px;
    padding-right: 15px;
    padding-bottom: 20px;
    padding-left: 25px;
}
```

简写后的样式如下。

```
div {
    padding:10px 15px 20px 25px; /*简写后的样式顺序是：上→右→下→左，即顺时针方向*/
}
```

更多简写后的样式如下。

```
h1 {
    padding: 20px;          /*当前对象的上、下、左、右内边距均为 20px */
}
h2 {
    padding: 10px 15px;  /*当前对象的上、下内边距为 10px；左、右内边距为 15px */
}
h3 {
    padding: 10px 15px 20px; /*当前对象的上内边距为 10px；左、右内边距为 15px；下内边距
为 20px */
}
```

（2）border 的简写

下面的代码是没有简写的样式。

```
div {
    border-width:3px;          /*边框的宽度*/
    border-style:solid;        /*边框的外观，这里为实线*/
    border-color:#FF0;         /*边框的颜色*/
}
```

简写后的样式如下。

```
div {
    border:3px solid #FF0;
}
```

至此，有关内边距、边框和外边距属性的简写方法先介绍到这里，除此之外，还有许多可以简写的属性，将在后续内容中进行介绍。

3.2.2　计算盒模型中的宽与高

在 CSS 中，width 和 height 属性也经常用到，它们分别指的是元素内容区域的宽度和高度。增加内边距、边框和外边距不会影响内容区域的尺寸，但是会增加元素框的总尺寸。在 CSS 中，盒模型的宽度与高度是元素内容区域、内边距、边框和外边距这 4 部分的属性值之和。

1. 盒模型的宽度

盒模型的宽度=左外边距（margin-left）+左边框（border-left）+左内边距（padding-left）+内容区域宽度（width）+右内边距（padding-right）+右边框（border-right）+右外边距（margin-right）。

2. 盒模型的高度

盒模型的高度=上外边距（margin-top）+上边框（border-top）+上内边距（padding-top）+内容区域高度（height）+下内边距（padding-bottom）+下边框（border-bottom）+下外边距（margin-bottom）。

【demo3-5】计算盒模型中的宽与高

使用 Dreamweaver 创建 HTML5 文档，结构代码和 CSS 代码如下所示。

```
<!DOCTYPE html>
<html>
<head>
<meta charset="utf-8">
<title>demo3-5</title>
<style type="text/css">
div {
    width: 150px;              /*定义元素宽度为150px*/
    height: 150px;            /*定义元素高度为150px*/
    padding: 20px 10px;       /*定义元素上、下内边距为20px，左、右内边距为10px*/
    border: 3px solid #0CF;   /*定义边框类型为实线型，颜色为蓝色，粗细为3px*/
    margin: 10px 20px;        /*定义上、下外边距为10px，左、右外边距为20px*/
}
</style>
</head>

<body>
```

```
<div>我是一个盒子，猜猜我的实际高度和宽度</div>
</body>
</html>
```

保存当前文档，通过浏览器预览即可看到效果。此外，在预览状态中按下快捷键 F12，即可打开调试环境，如图 3-11 所示。仔细观察浏览器给出的实时盒模型，有助于理解盒模型的相关概念。

图 3-11　通过浏览器的调试环境计算页面元素的宽度和高度

通过仔细计算，当前案例中 div 元素的实际宽度与高度如下。

DIV 的宽度=20px+3px+10px+150px+10px+3px+20px=216px

DIV 的高度=10px+3px+20px+150px+20px+3px+10px=216px

3.3　CSS3 初级选择器

3.3.1　通配符选择器

微课视频

在编写代码时，用"*"表示通配符选择器，其作用是定义页面中所有元素的样式。虽然"*"的作用甚大，但需谨慎使用。例如下方的 CSS 代码，虽然能够将页面中所有元素的内、外边距和边框属性设置为 0，起到初始化的效果，但占用的浏览器资源是非常大的。

```
*{
    margin: 0;
    padding: 0;
    border: 0;
}
```

在页面初始化时，编写上述代码的思路应为涉及什么元素，使用群组选择器写什么元素。正确的书写方式如下。

```
html, body, div, span, h1, h2, h3, h4, h5, h6, p, img, table, footer, header, nav, {
    margin: 0;
    padding: 0;
    border: 0;
}
```

此外，通配符选择器并非只有初始化一种用法，还可以对特定元素的后代元素应用样式，下面以案例说明通配符选择器的用法。

【demo3-6】通配符选择器

使用 Dreamweaver 创建 HTML5 文档，创建相关结构代码，并在 head 区域创建内部样式，具体代码如下所示。

```
<!DOCTYPE html>
<html>
<head>
<meta charset="utf-8">
<title>demo3-6</title>
<style type="text/css">
* {
    color: black;      /*针对页面所有元素进行设置*/
}
li {
    color: red;        /*针对 li 元素进行设置*/
}
li * {
    color: blue;       /*针对 li 元素内部的所有子元素进行设置*/
}
</style>
</head>

<body>
<h1>通配符选择器</h1>
<ul>
  <li>1. 这里的字体是什么颜色？为什么？</li>
  <li><span>2. 这里的字体是什么颜色？为什么？</span></li>
  <li><a><span>3. 这里的字体是什么颜色？</span></a>为什么？</li>
</ul>
</body>
</html>
```

保存当前文档，通过浏览器预览的效果如图 3-12 所示。

在本案例中，由于通配符选择器定义了所有文字颜色为黑色，所以<h1>中的文字为黑色；接着又定义了 li 元素的文字颜色为红色，所以在<li>标签内的文字呈现红色；最后定义了 li 元素内所有子元素的文字颜色为蓝色，所以凡是<li></li>内部有子元素的，无论层级多少，文字颜色都呈现为蓝色。

图 3-12　通配符选择器预览效果

3.3.2　类型选择器

类型选择器是指以网页中已有标签类型作为名称的选择器，如 body、header 和 p 等。

【demo3-7】类型选择器

使用 Dreamweaver 创建 HTML5 文档，创建相关结构代码，并在 head 区域创建内部样式，具体代码如下所示。

微课视频

```
<!DOCTYPE html>
<html>
<head>
<meta charset="utf-8">
<title>demo3-7</title>
<style type="text/css">
body {
    font-family: "微软雅黑";
}
h2 {
    color: red;
}
p {
    color: blue;
}
p * {
    font-size: 30px;
}/*设置p标签内的所有元素文字大小为30px——类型选择符与通配符选择符的混合使用*/
</style>
</head>

<body>
<h2>类型选择器</h2>
<p>类型选择器指的是以网页中<span>已有标签类型</span>作为名称的选择器。</p>
</body>
</html>
```

保存当前文档，通过浏览器预览的效果如图3-13所示。

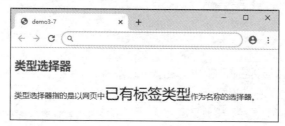

图3-13　类型选择器预览效果

3.3.3　类选择器

类选择器用于定义页面中公共部分的样式,通过直接引用元素中class属性的值而产生效果。这个应用前面总是有一个句点"."。这个"."用来标识一个类选择器,可以随意命名类的名称,但最好根据元素的用途来定义一个有意义的名称。在书写或使用类选择器时,应该注意以下几点内容。

微课视频

（1）类选择器以"."开头,后面紧跟类的名称,类的名称不能以数字开头,且区分大小写。

（2）使用class属性调用样式时,去掉"."。

（3）如果要使用一个class属性调用多个样式,多个类的名称之间用空格隔开。

【demo3-8】类选择器

使用 Dreamweaver 创建 HTML5 文档，创建相关结构代码，并在 head 区域创建内部样式，具体代码如下所示。

```html
<!DOCTYPE html>
<html>
<head>
<meta charset="utf-8">
<title>demo3-8</title>
<style type="text/css">
.text-red {
    color: red;             /*设置文字颜色为红色，注意该类的名称是有语义的*/
}
.font16 {
    font-size: 16px;        /*设置字号为16px，注意该类的名称是有语义的*/
}
.font30 {
    font-size: 30px;        /*设置字号为30px，注意该类的名称是有语义的*/
}
</style>
</head>

<body>
<h1 class="text-red">类选择器</h1>
<ul class="font16">
  <li>类选择器用于定义页面中<span class="font30 text-red">公共部分</span>的样式</li>
</ul></body>
</html>
```

> 此处同时应用多个类规则，中间使用空格隔开

在使用 Dreamweaver 为结构标签增加类规则时，软件会自动编码辅助，如图 3-14 所示。待所有属性增加后，保存当前文档，通过浏览器预览的效果如图 3-15 所示。

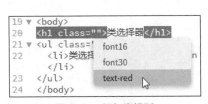

图 3-14　添加类规则

图 3-15　类选择器预览效果

3.3.4　ID 选择器

微课视频

ID 选择器顾名思义是通过 ID 属性来调用样式，它与类选择器极其相似。类选择器以"."开头，而 ID 选择器以"#"开头。对一个 HTML 文档来说，其中的每一个标签都可以使用 id=""的形式为其指派一个名称，但需要注意，在一个 HTML 文档中，ID 名称具有唯一性，是不可以重复的。

【demo3-9】ID 选择器

使用 Dreamweaver 创建 HTML5 文档，创建相关结构代码，并在 head 区域创建内部样式，具体代码如下所示。

```
<!DOCTYPE html>
<html>
<head>
<meta charset="utf-8">
<title>demo3-9</title>
<style type="text/css">
#toptitle {
      padding: 5px;
      border-bottom: 5px #FFCC00 solid;
}
#text {
      font-family: "微软雅黑";
      color: red;
}
</style>
</head>

<body>
<h1 id="toptitle">ID 选择器</h1>
<ul >
  <li id="text">ID 选择器以"#"开头</li>
  <li id="Text">ID 选择器以"#"开头</li>           此处ID名称大小写出错，为错误范例
  <li id="toptitle">ID 选择器以"#"开头</li>
                                                此处浏览器虽能够解析，但ID属性的引
</ul>                                            用为错误范例，ID属性应有唯一性
</body>
</html>
```

保存当前文档，通过浏览器预览的效果如图 3-16 所示。

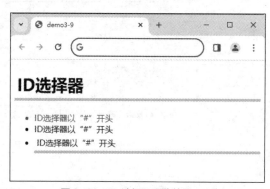

图 3-16　ID 选择器预览效果

3.3.5　后代选择器

后代选择器又称包含选择器，使用频率非常高。这种选择器将选取其下所有匹配的子元素，且忽视层级关系，示例代码如下。

微课视频

```
div p span {
    font-family: "微软雅黑";
    color: red;
}
```

这里单独的 div、p 和 span 都是类型选择器，那么书写成中间带有空格的效果"div p span"，其含义为：所有<div>标签下的所有<p>标签中的<span>标签，应用当前 CSS 样式规则。

【demo3-10】包含选择器

使用 Dreamweaver 创建 HTML5 文档，创建相关结构代码，并在 head 区域创建内部样式，具体代码如下所示。

```
<!DOCTYPE html>
<html>
<head>
<meta charset="utf-8">
<title>demo3-10</title>
<style type="text/css">
ul li span {          ◄────────  此处含义为：所有<ul>标签下所有<li>标签中的
    color: red;                  <span>标签的应用颜色为红色，字号为24px
    font-size: 24px;
}
.ul #li span {        ◄────────  此处含义为：在类的名称为ul的类选择器和ID名称为li的ID选择
    color: green;                器内部，所有span元素的应用颜色为绿色，字号改为24px
    font-size: 24px;
}
</style>
</head>

<body>
<div class="ul">
  <h2>包含选择器</h2>
  <ul>
    <li id="li"><a href="#">必应</a><span>搜索网站（这里什么颜色？）</span></li>
    <li><a href="#">凤凰网</a><span>综合网站（这里什么颜色？）</span></li>
  </ul>
</div>
</body>
</html>
```

保存当前文档，通过浏览器预览的效果如图 3-17 所示。

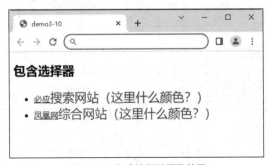

图 3-17　包含选择器预览效果

3.3.6 群组选择器

在 HMTL 文档中，如果需要对一组不同的标签进行相同样式的指派，群组选择器就派上了用场。群组选择器使用逗号对选择器进行分隔，这样书写的优点在于同样的样式只需要书写一次，减少了代码量，有利于改善 CSS 的代码结构。

微课视频

【demo3-11】群组选择器

使用 Dreamweaver 创建 HTML5 文档，创建相关结构代码，并在 head 区域创建内部样式，具体代码如下所示。

```html
<!DOCTYPE html>
<html>
<head>
<meta charset="utf-8">
<title>demo3-11</title>
<style type="text/css">
body, h1, p, div {
     margin: 0;
     padding: 0;
}/*群组选择器，常用于页面元素初始化*/
h1, p, .myclass, #main {
     font-size: 16px;
     border: 2px solid #F00;
     margin-bottom: 10px;
}/*设置字体大小和边框，以及盒模型相关属性——群组选择器*/
</style>
</head>

<body>
<h2>群组选择器</h2>
<p class="myclass">这里是带有 myclass 类属性的 p 标签内的文字</p>
<div id="main"> 这里是带有 ID 属性的 div 元素内的文字 </div>
</body>
</html>
```

保存当前文档，通过浏览器预览的效果如图 3-18 所示。

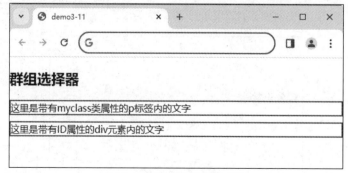

图 3-18 群组选择器预览效果

3.4 CSS3 高级选择器

3.4.1 子元素选择器和相邻兄弟选择器

微课视频

1. 子元素选择器

子元素选择器指的是只能用于某元素的子元素，相比之前学习的后代选择器，其范围缩小了，在使用时用"＞"连接两个选择器即可生效。子元素和后代元素不同，请看下面的结构。

```
<ul>
  <li id="li"><a href="#">必应</a><span>搜索网站（这里是什么颜色？）</span></li>
  <li><a href="#">凤凰网</a><span>综合网站（这里是什么颜色？）</span></li>
</ul>
```

对 ul 元素来讲，li 元素是 ul 元素的子元素，而 li 元素中所包含的 a 元素和 span 元素则是 ul 元素的后代元素。

2. 相邻兄弟选择器

相邻兄弟选择器可选择紧接在另一元素"后面"的元素，前提条件是二者必须有相同的父元素（也称父级元素）。使用时，用"＋"连接两个选择器即可生效。需要特别说明的是，这里的"相邻"指的是当前元素"后面"相邻的元素，并不是"前面"相邻的元素。

【demo3-12】子元素选择器和相邻兄弟选择器

使用 Dreamweaver 创建 HTML5 文档，创建相关结构代码，并在 head 区域创建内部样式，具体代码如下所示。

```
<!DOCTYPE html>
<html>
<head>
<meta charset="utf-8">
<title>demo3-12</title>
<style type="text/css">
body>h1 { color: gray; }
div>h4 { color: blue; font-size: 24px; }
div+h4 { color: red; font-size: 24px; }
h1+h4 { color: green; }
h4+p { font-size: 24px; }
</style>
</head>

<body>
<h1>猜猜以下哪些元素被赋予 CSS 样式？</h1>
<h4>与 div 相邻的上一个元素 h4</h4>
<div>
  <h4>div 中的元素 h4</h4>
  <p>(1) div 中的段落元素 p</p>
  <p>(2) div 中的段落元素 p</p>
</div>
<h4>与 div 相邻的下一个元素 h4</h4>
```

```
</body>
</html>
```

保存当前文档，通过浏览器预览的效果如图 3-19 所示。

图 3-19　子元素选择器和相邻兄弟选择器预览效果

3.4.2　属性选择器

微课视频

属性选择器可以根据对象是否具有某个属性，或者该属性是否有某个特定值来决定是否要应用样式。CSS3 中增加了 3 个属性选择器，这使得属性选择器有了通配符的作用。下面是 CSS2 和 CSS3 中常见的属性选择器，其中 E 表示选择器（可以省略不写），attr 表示属性名称，val 表示属性值。

（1）E[attr]：选择所有包含 attr 属性的元素（无论值如何）。

（2）E[attr=val]：选择所有包含 attr 属性且其属性值为 val 的元素。

（3）E[attr^=val]：选择所有包含 attr 属性且其属性值以 val 开头的元素。

（4）E[attr$=val]：选择所有包含 attr 属性且其属性值以 val 结束的元素。

（5）E[attr*=val]：选择所有包含 attr 属性且其属性值中包含 val 的元素。

【demo3-13】属性选择器

使用 Dreamweaver 创建 HTML5 文档，创建相关结构代码，并在 head 区域创建内部样式，具体代码如下所示。

```
<!DOCTYPE html>
<html>
<head>
<meta charset="utf-8">
<title>demo3-13</title>
<style type="text/css">
li { list-style: none; }/*清除列表的默认样式*/
a[href$="docx"] {
    background: url(doc.png) no-repeat left center;
    padding-left: 25px;
}/*匹配 href 属性中以 docx 结尾的元素，为其设置缩进和背景图*/
a[href$="pptx"] {
    background: url(ppt.png) no-repeat left center;
    padding-left: 25px;
```

```
}/*匹配 href 属性中以 pptx 结尾的元素，为其设置缩进和背景图*/
* [id=yz1] {
    background: #FC0;
}/*匹配 ID 属性中属性值为 yz1 的元素，设置背景色为橙色*/
* [id*=yz] {
    color: red;
}/*匹配 ID 属性中包含指定字符 yz 的所有元素，设置文本颜色为红色*/
* [id^=sub] {
    font-size: 24px;
}/*匹配 ID 属性中以字符 sub 开头的元素，设置文字大小为 24px*/
* [id$=\-2] {
    font-style: italic;
}/*匹配 ID 属性中以指定字符-2 结尾的元素，设置字体为斜体*/
</style>
</head>

<body>
<h2>属性选择器</h2>
<nav id="yz1">演示文本 yz1
  <ul>
    <li><a href="word 文档.docx">word 文档</a></li>
    <li><a href="ppt 文档.pptx">ppt 文档</a></li>
  </ul>
</nav>
<div id="yz2">演示文本 yz2</div>
<div id="subyz2-1">演示文本 subyz2-1</div>
<div id="subyz2-2">演示文本 subyz2-2</div>
</body>
</html>
```

保存当前文档，通过浏览器预览的效果如图 3-20 所示。

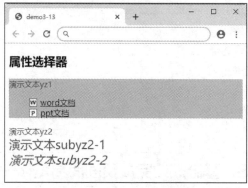

图 3-20　属性选择器预览效果

3.4.3　关于优先级

之前已经讲解了许多种类的选择器，那么在实际工作中肯定会存在多个选择器的 CSS 样式规则都针对某一个元素的情况，即 CSS 样式规则之间相互冲突。作为浏览器最后的解析环节，又会如何处理呢？

【demo3-14】优先级

在 Dreamweaver 中新建 HTML5 页面，并创建相互冲突的 CSS 样式规则，具体代码如下。

```
<!DOCTYPE html>
<html>
<head>
<meta charset="utf-8">
<title> demo3-14</title>
<style type="text/css">
li span {
        color: red;
}
#wf_ul {
        color: blue;
}
.wf_li {
        color: yellow;
}
</style>
</head>

<body>
<ul >
    <li><span id="wf_ul" class="wf_li" style="color:green;"> 关于优先级的问题
</span></li>
    </ul>
</body>
</html>
```

> 多个CSS样式作用在同一对象上，浏览器解析时会选择哪个？

正如上述代码给出的 CSS 样式那样，多个选择器都作用在 span 元素上，这时就要分辨各种选择器优先级的高低。为了读者能够全面地了解，笔者不再一一举例演示，这里直接给出最终结果供读者学习。浏览器解析时，最后应用的样式优先级最高。

（1）浏览器自身的默认样式。

（2）从父级元素继承过来的样式。

（3）标签样式（类型选择器）。

（4）类样式（类选择器）。

（5）ID 样式（ID 选择器）。

（6）内联样式。

3.5 使用 CSS3 基础知识完成页面简易美化——404 页面的制作

在浏览网页的过程中，当请求的页面不存在或链接错误时，服务器会反馈给浏览者一个页面，这个页面显示"错误代码为 404"。为了让访问者有更好的体验，通常单独制作漂亮的 404 页面，以引导用户使用网站其他页面而不是关闭窗口离开。

本节将向读者讲解如何使用之前的知识及本章所介绍的 CSS 基础知识，制作并美化一个 404 页面，最终的页面预览效果如图 3-21 所示。

图 3-21　404 页面最终预览效果

1. 创建站点并完成准备工作

① 在 Dreamweaver 的菜单栏中执行"站点"→"新建站点"命令，跟随软件提示创建名为"404页面"的站点（详细过程参考第 2 章内容，这里不再赘述）。

② 在站点内的根目录中，创建名为"images"和"style"的文件夹，并将准备好的图片复制至"images"文件夹。

③ 创建空白 HTML5 文档，重命名为"index.html"，保存在根目录下。

④ 创建名为"style.css"的 CSS 样式文件，保存在"style"文件夹下。

⑤ 将 CSS 样式文件与 HTML 文档链接起来，具体过程参考 3.1.3 节内容，这里不再赘述。

2. 实现过程

任何网页结构的搭建都不是一蹴而就的，而是通过预先的仔细分析，从最外层的层次结构逐步细化而成。

① 对本案例而言，仔细观察图 3-21 的效果可以发现，整个页面结构分为上部 Logo 区域和下部内容区域，由此可以初步规划层次结构代码如下。

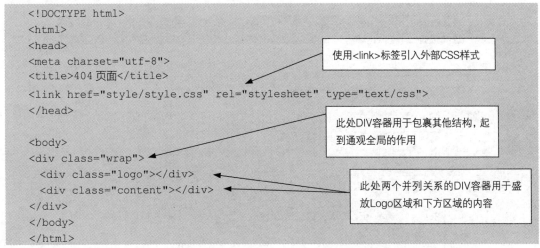

```
<!DOCTYPE html>
<html>
<head>
<meta charset="utf-8">
<title>404 页面</title>
<link href="style/style.css" rel="stylesheet" type="text/css">
</head>

<body>
<div class="wrap">
  <div class="logo"></div>
  <div class="content"></div>
</div>
</body>
</html>
```

使用<link>标签引入外部CSS样式

此处DIV容器用于包裹其他结构，起到通观全局的作用

此处两个并列关系的DIV容器用于盛放Logo区域和下方区域的内容

在上述代码中，所有 DIV 容器均使用类的名称作为 DIV 容器的名字，这种处理方法在实际工作中经常遇到。

② 有了大致的页面结构层次，下面将逐步细化页面内容。切换到 CSS 样式文件，对页面进行初始化设置。

```
html, div, img, span {
    margin: 0;
    padding: 0;
    border: 0;
}   /*使用群组选择器进行页面初始化*/
body {
    background: url(../images/bg.png);
}   /*设置页面背景*/
```

这时，保存当前文档，通过浏览器预览可以发现，整个页面被图像平铺，页面初始化过程完成。

③ 切换回 HTML5 文档编辑状态，为了在 Logo 区域输入文字，这里修改页面结构，在其中增加标题元素，具体代码如下。

```
<div class="logo">
  <h1>WYZ</h1>      <!--这里增加了 h1 标签，用于放置文字内容-->
</div>
```

④ 切换到 CSS 样式文件，对刚才增加的页面结构按照目标效果进行美化，具体代码如下。

```
.logo {
    background: #930;
    text-align: center;
    color: #FFF;
}   /*设置背景颜色和文字居中*/
.logo h1 {
    font-size: 36px;
    font-family: "微软雅黑";
    padding: 10px 10px 20px 10px;
}   /*设置文字在容器内的垂直距离*/
```

保存当前文档，通过浏览器预览后的效果如图 3-22 所示。

图 3-22　页面上部 Logo 区域预览效果

⑤ 切换回 HTML5 文档编辑状态，在<div class="content"></div>内部插入 img 元素、p 元素和 a 元素，用于丰富页面下部的内容，具体代码如下。

```
<div class="content">
  <img src="images/error-img.png" width="500" height="327">
  <p><span>喔，喔! </span>你访问的页面不存在: (</p>
  <a href="#">返回首页</a>
</div>
```

⑥ 切换到 CSS 样式文件，对刚才增加的页面结构按照目标效果进行美化，具体代码如下。

```
.content {
        text-align: center;
        padding: 100px 0 20px 0;
}       /*设置内容显示在合适的地方*/
.content p {
        margin: 20px 0px 30px 0px;
        font-family: "微软雅黑";
        color: #666;
        text-align: center;
        font-size: 30px;
}       /*设置段落文字距离其他元素的距离*/
.content p span {
        color: #930;
}
.content a {
        background: #666666;
        color: #FFF;
        padding: 15px 20px;
}       /*设置超链接的外观*/
```

⑦ 保存当前文档，通过浏览器预览即可看到最终效果。

至此，404 页面的制作过程就讲解完了。本案例使用简单的层次结构代码，再配合简易的 CSS 知识即可制作出漂亮的网页，可见 CSS 样式的作用是非常强大的。

此外，需要说明的是，整个制作过程是一个边预览调试边修改代码的过程，网页不同的层次结构会影响 CSS 代码的编写思路。就目前初学者的水平而言，读者需要学习的是整个制作思路和认识代码的含义，不要一味地研究某个参数的具体设置。

3.6 课堂动手实践

【思考】

1. CSS 语法由哪两部分构成？请举例说明。

2. 在网页中引入 CSS 样式的方法有哪些？哪种方式是当前最为常用的？

3. 在 CSS 盒模型中，padding、border 和 margin 分别指的是什么？

4. CSS 语句 "h2 { padding: 10px 15px 20px; }" 代表的含义是什么？

5. ID 选择器与类选择器有什么不同之处？

6. 后代选择器与子元素选择器相比，谁的选择范围大？请举例说明。

【动手】

1. 为每个颜色编写一段类规则，使用 CSS 的类选择器及 span 元素，制作颜色不同的字母，如图 3-23 所示。

2. 根据下方给出的页面结构，请在页面 head 区域编写内部样式，使之成为图 3-24 所示的效果。

```
<div>我是默认的文字效果。</div>
<p>我是红色文字，<span>可是我变成蓝色文字了</span>，<strong><em>这里是题目中要改变颜色的地方！</em></strong> </p>
</body>
```

63

图 3-23　第 1 题预览效果

图 3-24　第 2 题预览效果

Web Design with HTML5 and CSS3

第4章

实现Web前端排版的基本美化

【本章导读】

之前章节已经对 HTML5 与 CSS3 的基础内容进行讲解。但即便掌握这些概念和基本用法，读者想要制作出优美的版面，还是会遇到各种各样的问题。究其原因，在于读者对 CSS 样式的属性认识过少，想要控制页面元素的位置和外观却无从下手。

本章主要从文本控制、图像控制和超链接应用等多个方向，向读者介绍在工作中经常遇到的排版问题，结合解决问题所用到的知识，引出相关的 CSS 样式的内容，最终使读者达到既学会 CSS 样式的属性，又能够解决实际问题的目的。

【学习目标】

- 掌握有关字体和文本的 CSS 知识，能够实现文字版面的基本排版；
- 掌握 CSS 样式中有关伪类的知识，能够使用伪类实现简易动态效果；
- 掌握有关图像的 CSS 知识，能够制作图文混排效果。

【素质目标】

- 进一步培养学生精雕细琢、精益求精的职业素养；
- 引导学生体会理论知识转变为直接生产力的成就感，使学生领略专业技能的魅力。

【思维导图】

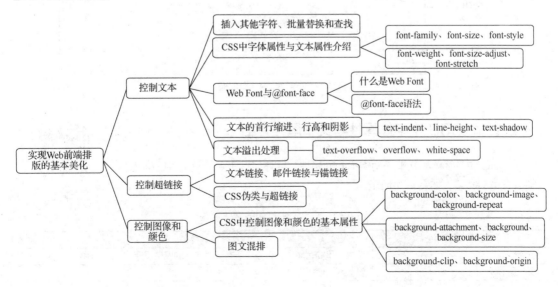

4.1 控制文本

由于在 Dreamweaver 中复制、粘贴、插入文本的方法过于简单，建议读者自行练习，这里不再赘述。对于 Dreamweaver 文本操作方面，以下内容需要读者注意。

1. 插入其他字符

其他字符指的是那些不能通过键盘直接输入的字符，例如货币符号、版权和商标符号等。在 Dreamweaver 中执行"插入"→"HTML"→"字符"→"其他字符"命令，弹出"插入其他字符"对话框，如图 4-1 所示。在该对话框中选择需要的字符，单击"确定"按钮，即可插入其他字符。

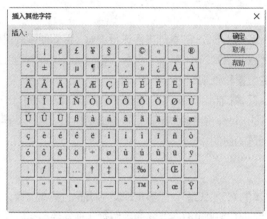

图 4-1 "插入其他字符"对话框

2. 批量替换和查找

Dreamweaver 的"批量替换和查找"功能在实际工作中非常有用。读者只需在编辑 HTML 文档的状态下，按组合键 Ctrl+F，弹出"查找和替换"面板，如图 4-2 所示，按照软件提示即可完成查找或替换操作。

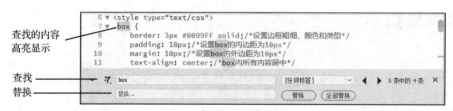

图 4-2 "查找和替换"面板

4.1.1 CSS 中字体属性与文本属性介绍

微课视频

在 CSS 中，字体和文本是两类不同的属性。字体属性主要涉及文字的样式、粗细、尺寸等内容，如表 4-1 所示。

表 4-1 CSS 中常用的字体属性

CSS 字体属性	解释
font	该属性是简写属性，可以将所有针对字体的属性设置在一个声明中
font-family	设置网页使用字体的类型

续表

CSS 字体属性	解释
font-size	设置文本的字体大小
font-weight	设置字体的粗细，包含 100~900 等多个属性值
font-style	设置文本的字体风格
font-variant	设置文本外形为小型大写字母
font-stretch（CSS3 新增）	设置或检索对象中的文字是否横向拉伸变形
font-size-adjust（CSS3 新增）	设置或检索小写字母"x"的高度与对象文字字号的比率

文本属性主要涉及对齐方式、缩进方式、单词间隙、溢出设置等内容，如表 4-2 所示。

表 4-2　CSS 中常用的文本属性

CSS 文本属性	解释
text-transform	设置对象中文本的大小写
word-wrap（CSS3 新增）	设置当前行超过指定容器的边界时是否断开换行
overflow-wrap（CSS3 新增）	设置当内容超过指定容器的边界时是否断行
white-space	设置对象内空格的处理方式
word-break（CSS3 新增）	设置对象内文本的字内换行行为
text-align（CSS3 更新）	设置文本的水平对齐方式
text-justify（CSS3 新增）	设置对象内调整文本使用的对齐方式
text-indent（CSS3 更新）	设置文本块首行的缩进（段落设置中经常使用）
line-height	设置行高
text-overflow	设置文本溢出时的事件
text-decoration（CSS3 更新）	设置添加到文本的装饰效果（超链接设置中经常使用）
text-shadow（CSS3 新增）	设置文本的阴影

1. font-family（字体类型）

font-family 属性用于定义目标元素使用何种字体进行显示。在 CSS 中，可以一次定义多个字体类别，供系统自行选择，样式代码如下。

```
p {font-family:"微软雅黑", "宋体", Arial, Verdana, "Time New Roman";}
```

在访问者的计算机中，一般没有安装更多的第三方字体，但是系统的默认字体，例如"宋体""仿宋体""黑体""楷体""隶书""Arial""Verdana"和"Times New Roman"等是预安装在系统内的，所以网页设计师要首选这些系统自带的字体。

在上述代码片段中，针对 p 元素进行设置。首先定义的第一个字体为"微软雅黑"，第二个字体为"宋体"，当访问者打开该页面时，浏览器首先会在访问者计算机的系统内寻找"微软雅黑"字体，如果没有找到，则寻找"宋体"字体来渲染页面。如果在访问者计算机的系统内无法找到定义的所有字体，浏览器将会使用默认值来显示页面中的文本。

2. font-size（字体大小）

该属性用于设置元素的字体大小，其值可以是绝对值，也可以是相对值。其值常用的单位有 px（绝对单位）、em（相对单位）、%（相对单位）和 pt（绝对单位）等。

3. font-style（字体风格）

该属性用于定义字体的风格，其有 normal（默认值，正常字体）、italic（斜体）和 oblique（倾斜体）3 个属性值。

【demo4-1】字体类型、大小和风格

使用 Dreamweaver 创建 HTML5 文档，并在 head 区域创建内部样式，主要代码片段如下所示。

```
<style type="text/css">
.box {
     border: 3px #0099FF solid;        /*设置边框粗细、颜色和类型*/
     padding: 10px;                    /*设置 box 的内边距为 10px*/
     margin: 10px;                     /*设置 box 的外边距为 10px*/
     text-align: center;               /*box 内所有内容水平居中*/
     font-size: 20px;
}
h2 {
     font-size: 36px;
     font-style: italic;               /*设置字体风格为斜体*/
}
.a {
     font-family: "黑体";              /*定义 a 类文字为黑体*/
     font-size: 80%;                   /*字体大小设置为父级元素的 80%*/
}
.b {
     font-family: "宋体";              /*定义 b 类文字为宋体*/
     font-style:oblique;               /*设置字体风格为倾斜体*/
}
.c {
     font-family: "文鼎pop";           /*定义 c 类文字为文鼎 pop*/
}
.d {
     font-family: "华文彩云";          /*定义 d 类文字为华文彩云*/
     font-size:1.5em;                  /*字体大小设置为父级元素的 1.5 倍*/
}
.e {
     font-family: "微软雅黑";          /*定义 e 类文字为微软雅黑*/
}
</style>
</head>

<body>
<div class="box">
  <h2>春思</h2>
  <p class="a">皇甫冉</p>
  <p class="b">莺啼燕语报新年，马邑龙堆路几千。</p>
  <p class="c">家住层城邻汉苑，心随明月到胡天。</p>
  <p class="d">机中锦字论长恨，楼上花枝笑独眠。</p>
  <p class="e">为问元戎窦车骑，何时返旆勒燕然。</p>
</div>
</body>
```

保存当前文档，通过浏览器预览的效果如图 4-3 所示。

图 4-3　字体类型、字号和风格预览效果

4. font-weight（字体粗细）

该属性用于设置字体的粗细，它包含 normal、bold、bolder、lighter、100～900 多个属性值，数字值 400 相当于关键字 normal，700 相当于 bold。

5. font-size-adjust（字体适合尺寸）

在 CSS3 中，可以使用 font-size-adjust 属性在字体类型（font-family）改变的情况下保持字体大小（实际大小）不变，该属性在国内网站的开发中很少用到，但是在英文网站的开发中经常遇到。

font-size-adjust 属性可取值为 none 或 aspect。这里的 aspect 指的是该字体中小写字母"x"的高度（即 x-height）与该字体高度"font-size"的比率，通过查询即可使用，无须计算。例如，Times New Roman 字体的 aspect 为 0.46，则意味着当字体大小为 100px 时，它的 x-height 为 46px。而 Verdana 字体的 aspect 为 0.58，则意味着当字体大小为 100px 时，它的 x-height 为 58px。因此，我们得出在 font-size 属性的值相同的情况下，Verdana 字体在浏览器中的显示效果与 New Times Roman 字体差别较大。

【demo4-2】字体粗细与适合尺寸

使用 Dreamweaver 创建 HTML5 文档，并在 head 区域创建内部样式，主要代码片段如下所示。

```
<style type="text/css">
.box {
      font-size: 20px;
      border: 1px #FF6600 dotted;
      margin: 10px;
}
p {color: #F00;font-weight: 900;}
#div1 {
      font-family: Times New Roman;        /*设置 div1 容器字体*/
}
#div2 {font-family: Verdana; }             /*设置 div2 容器字体*/
.div1 {
      font-size: 20px;
      font-size-adjust: 0.46;              /*此处的数值 0.46 是 Times New Roman 字体
的 aspect，查询后即可使用，无须计算*/
   }
  .div2 {
```

```
      font-size: 16px;/*此处的字体大小是通过计算得出的，即（20px*0.46）/0.58=16px*/
      font-size-adjust: 0.58;/*此处的数值0.58是Verdana字体的aspect，查询后即可使用，
无须计算*/
    }
    </style>
    </head>

    <body>
    <div class="box">
      <h3>这里的内容是：相同的font-size值，不同的font-family值，显示效果差别较大。</h3>
      <div id="div1">welcome to HTML 5 school !</div>
      <div id="div2">welcome to HTML 5 school !</div>
      <p>注意：这里拟将Times New Roman字体更换为Verdana字体，但通过查看上面的显示效果可以发
现，更换字体后，由于长度不同，版面布局肯定会变混乱，如何避免？</p>
    </div>
    <div class="box">
      <h3>这里的内容是：通过font-size-adjust属性，计算出字体大小，使其强制显示的内容。</h3>
      <div id="div1" class="div1">welcome to HTML 5 school !</div>
      <div id="div2" class="div2">welcome to HTML 5 school !</div>
      <p>注意：通过计算得出更换为Verdana字体后字体的大小，最终达到既更换了字体类型，版面布局又变
化很小的目的。</p>
    </div>
    </body>
    </html>
```

保存当前文档，通过浏览器预览的效果如图4-4所示。

图4-4 font-weight与font-size-adjust属性预览效果

6. font-stretch（字体拉伸）

文字的拉伸是相对于浏览器显示的字体的正常宽度而言的，该属性用于设置对象中的文字是否横向拉伸，取值包含normal（不拉伸，正常宽度）、ultra-condensed（比正常文字宽度窄4个基数）、ultra-expanded（比正常文字宽度宽4个基数）等。

由于该属性仅被IE和Firefox浏览器支持，并且显示效果与正常文字差异不大，所以使用频率较

低，这里不再举例说明。

4.1.2　Web Font 与@font-face

微课视频

在之前向读者介绍的 font-family 属性时，选用的字体都是本地计算机内的默认字体，那么如果设计师想要使用一些特殊字体来美化页面，又该如何操作呢？目前比较成熟的解决方案有两种。

第一种是将特殊外观的字体使用 Photoshop 制作成图片，然后将图片载入浏览器，使其显示"特殊字体"，这种解决方案通常用于设置页面大标题、宣传口号等需要突出美化页面外观的情况，具体如何使用 Photoshop 切片将在第 8 章介绍，这里仅做拓展引入。

第二种是借助 CSS3 中的"@font-face"语句引入存放在服务器中的在线字体，这种解决方案是主流网站解决问题的首选方案。

1. 什么是 Web Font

Web Font 又称为在线字体，使用 Web Font 把第三方特殊字体库放在服务器中，访问者无须安装，直接在线使用。在国外，Web Font 已经非常流行，大量的网站使用了该技术，这是因为英文只有 26 个字母，一套字体体积仅有几十 KB，使用起来非常方便；在国内，使用 Web Font 的中文网站比例相对较少，这是因为一套中文在线字体需要收纳几千个汉字，要耗费大量的时间去设计，而最终字库体积也会达到 MB 级别，对于高并发访问的网站流量也是不小的压力。此外，字体版权与设计成本也是制约在线汉字字体使用的因素之一。这里推荐一套不受平台使用限制，免费正版的阿里巴巴汉字字体，读者可以搜索"阿里巴巴普惠体"直接获取。

2. @font-face 语法

要使用@font-face 引入在线字体，具体使用步骤如下。

① 使用@font-face 声明字体，方法如下。

```
@font-face {
    font-family: 'mywebfont'; /*这里的名称就是自定义字体的名称*/
    src:url('webfont.eot'); /* IE9*/
    src:url('webfont.eot?#iefix') format('embedded-opentype'), /* IE6-IE8 */
        url('webfont.woff') format('woff'), /* chrome、firefox */
        url('webfont.ttf') format('truetype'), /* chrome、firefox、opera、Safari,
Android, iOS 4.2+*/
        url('webfont.svg#webfont') format('svg'); /* iOS 4.1- */
}
```

在上述代码中，为了兼容各个浏览器环境，引入了同一字体类型但格式不同的字体。这里的 eot 为 IE 专用格式，woff 为 W3C 推荐使用的 Web 字体格式，ttf 为 Microsoft 与 Apple 联合开发的字体标准，svg 是 W3C 制定的图形格式，format 参数用于定义字体的格式，帮助浏览器识别。为了方便理解，这里将上述代码进行简化处理，简化后的代码如下所示。

```
@font-face {
    font-family:自定义字体名称;
    src: url('自定义字体.woff');
}
```

② 定义使用 Web Font 的样式。

```
.web-font{
    font-family:"mywebfont"; /*这里引用的字体名称要与之前自定义字体的名称一致*/
```

```
    font-size:16px;
}
```

③ 为文字附加对应的样式字体。

```
<i class="web-font">这里的字体预览后，将使用自定义的字体</i>
```

至此，Web Font 的使用方法已经介绍完了。需要说明的是，除了在线字体，同样思路的在线图标也应用广泛，Bootstrap 官方图标库拥有 1600 多个免费的开源图标，具体使用方法参见第11 章。

【demo4-3】@font-face

① 访问阿里巴巴普惠体官方网站，根据需要在平台中选择并下载喜欢的字体类型，并将其存放在根目录下。

② 使用 Dreamweaver 创建 HTML5 文档，并在 head 区域创建内部样式，引用第三方字体，主要代码片段如下。

```
<style type="text/css">
.main {padding: 30px 100px;}
.main h1 {
    font-size: 36px;
    color: #333;
    text-align: left;
    margin-bottom: 30px;
    border-bottom: 1px solid #eee;
}
@font-face {
    font-family: "AlimamaShuHeiTi-Bold";    ◄─── 这里的字体名称为自定义名称
    font-weight: 700;
    src: url("AlimamaShuHeiTi-Bold/AlimamaShuHeiTi-Bold.woff"),
        url("AlimamaShuHeiTi-Bold/AlimamaShuHeiTi-Bold.woff2"),
        url("AlimamaShuHeiTi-Bold/AlimamaShuHeiTi-Bold.otf"),
        url("AlimamaShuHeiTi-Bold/AlimamaShuHeiTi-Bold.ttf");
    font-display: swap;                     为了兼容性，这里引入字体的多种格式
}
.myfont {
    font-family: " AlimamaShuHeiTi-Bold" !important;
    font-size: 24px;          自定类规则,这里引入的字体名称与前面的自定义名称必须
    color:red;                一致。!important指的是提升样式规则的优先使用权
    font-style: normal;
}
</style>

<body>
<div class="main">
  <h1>webfont 字体预览</h1>
  <p class="myfont">此处文字省略...</p>
</div>                    此处引用自定义的类规则
</body>
</html>
```

保存当前文档，通过浏览器预览的效果如图 4-5 所示。

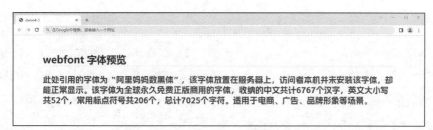

图 4-5　@font-face 预览效果

至此，在线使用第三方字体的方法已经向读者介绍完了，读者还可以查阅其他资料，如在线字体压缩、在线图标库等内容，扩充当前学习的知识。

4.1.3　文本的首行缩进、行高和阴影

微课视频

1. text-indent（文本缩进）

在 Web 页面中，将段落的第一行进行缩进是一种最常用的文本格式化效果。在 CSS 样式中，通过 text-indent 属性可以方便地实现文本缩进，该属性的值可以为百分比值或者由浮点数字和单位标识符组成的长度值，且允许为负值，如下面的代码片段所示。

```
p {text-indent: 24px;}      /*由于是固定值，故不能根据字体大小变化准确地缩进两个汉字距离*/
p {text-indent: 2em;}       /*由于是相对值，故能够根据字体大小变化自动缩进两个汉字距离*/
```

2. line-height（行高）

line-height 属性用于控制行与行之间的垂直间距，该属性的取值可以为百分比值（如 80%等）、固定的像素值（如 20px 等）和数值（如 1.5 等），且允许使用负值，默认值为 normal。

3. text-shadow（文本阴影）

text-shadow 属性用来控制文本的阴影效果，能够规定水平阴影、垂直阴影、模糊距离及阴影的颜色，常规使用方法如下。

```
text-shadow: 5px 5px 5px #FF0000;
```

第一个 5px 代表阴影在水平方向的位移，第二个 5px 代表阴影在垂直方向的位移，第三个 5px 代表阴影的模糊半径，第四个参数#FF0000 代表阴影颜色。需要说明的是，每个阴影效果必须指定偏移距离，而模糊半径和颜色属性值可以省略，如果将偏移距离设置为负值，则代表阴影向反方向偏移。

此外，还可以为同一个对象设置多个阴影，阴影效果按照给定的顺序依次应用，但永远不会覆盖文本本身。

【demo4-4】首行缩进、行高和阴影

使用 Dreamweaver 创建 HTML5 文档，并在 head 区域创建内部样式，主要代码片段如下所示。

```
<style type="text/css">
body {
    font-size: 20px;              /*定义全局字体大小为20px*/
}
.box {
    border: 1px dotted #06F;
    padding: 5px;
    margin: 10px;
}
#box_1 p {
    text-indent: 24px;            /*设置缩进24px*/
```

73

```
}
#box_2 p {
    text-indent: 2em;              /*设置相对于父级元素缩进2个单位*/
}
h1 {
    font-family: "微软雅黑";
    color: #FFF;
    text-align: center;
    height: 100px;
    line-height: 100px;            /*行高与当前块级元素的高度相同，实现了垂直居中*/
    background: #FC0;
    text-shadow: 2px 2px 3px #333333;/*设置字体阴影效果*/
}
</style>
</head>

<body>
<h1>注意此处的行高和阴影</h1>
<div id="box_1" class="box">
    <h3>此容器使用具体像素值进行缩进</h3>
    <p>此处缩进设置为24像素，由于不是相对单位，一旦全局字号发生改变时，就不能准确缩进两个汉字的
距离。</p>
</div>
<div id="box_2" class="box">
    <h3>此容器使用相对值进行缩进</h3>
    <p>此处使用相对值进行缩进，无论全局字号如何改变，均能保证精确缩进两个汉字的距离。</p>
</div>
</body>
</html>
```

保存当前文档，通过浏览器预览的效果如图4-6所示。

此处对 h1 元素设置了高度，要想让其中的文字垂直居中，通常将 line-height 属性的值设置为 height 属性的值，即两者的值相同

由于使用了绝对值进行缩进，因此不能自动适应字体大小的变化

由于使用了相对值进行缩进，无论父级元素字体如何变化，这里总能精确缩进两个汉字的距离

除了可以使用 line-height 属性，还可以使用 padding 属性将文字设置为垂直居中，具体修改内容如下。

h1 {
height:80px;
padding:20px 0 0;
}

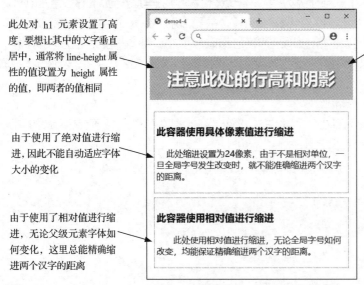

图4-6　首行缩进、行高和阴影预览效果

4.1.4　文本溢出处理

在制作网页时，经常会遇到某些文字内容要在指定宽度的容器内盛放的需求，如果超出容器的宽度，则称为"文本溢出"，最常见的是新闻列表板块中文本结尾时使用省略号显示的场景。如何使用 CSS3 的某些属性解决文本溢出的问题呢？

1. text-overflow（文本溢出）

text-overflow 属性用于规定当文本溢出包含元素时发生的事件，该属性包含 clip 和 ellipsis 两个属性值。前者表示简单的裁切，不显示省略标记（...）；后者表示当文本溢出时显示省略标记（...）。

2. overflow（溢出）

overflow 属性用于设置处理溢出内容的方式，常见的取值有 visible（对溢出内容不做处理）、hidden（隐藏溢出容器的内容且不出现滚动条）、scroll（隐藏溢出容器的内容并呈现滚动条）和 auto（按需呈现滚动条）。

3. white-space（处理空格）

white-space 属性用于指定元素内的空格怎样处理，其属性值有 normal（默认处理方式）、pre（当文字超出边界时不换行）、nowrap（强制在同一行内显示所有文本）和 pre-line（当文字碰到边界时发生换行）。

【demo4-5】文本溢出处理

使用 Dreamweaver 创建 HTML5 文档，并在 head 区域创建内部样式，主要代码片段如下所示。

```
<style type="text/css">
body, ul, li, h2 {
    margin: 0;
    padding: 0;
}/*元素初始化*/
.box {
    width: 310px;/ *设置容器宽度，目的是测试文字溢出时的状况*/
    margin: 10px auto;
    font-family: "微软雅黑";
}
h2 {
    background: #FC0;
    color: #333;
    padding: 0 0 0 5px;
    height: 35px;
    line-height: 35px;
    font-size: 20px;
}
li {
    list-style: none;
    border-bottom: 1px #999 dashed;    /*设置新闻列表底部虚线外观*/
    margin-bottom: 5px;                /*设置列表项之间的距离*/
}
a {
    display: block;                    /*块状化 a 元素*/
    width: 300px;/ *设置固定宽度，目的是测试文字溢出时的状况*/
```

```
        line-height: 1.5;/*设置行高为1.5倍行距*/
        padding-left: 5px;/*设置左内边距，使得文字留有空隙，比较美观*/
}
.yichu a {
        text-overflow: ellipsis;/*文本溢出时显示省略标记（...）*/
        overflow: hidden;/*为使用text-overflow属性做准备，将溢出内容设置为隐藏*/
        white-space: nowrap;/*为使用text-overflow属性做准备，强制文字在一行内显示*/
        text-decoration: none;/*取消超链接默认时的下划线效果*/
}
</style>
</head>

<body>
<div class="box">
  <h2>这里未使用溢出处理</h2>
  <ul>
    <li><a href="#">这5家新开的绝美博物馆 每一家都值得专程前往！</a></li>
    <li><a href="#">北纬21度上的快乐之城西双版纳</a></li>  </ul>
</div>
<div class="box">
  <h2>这里使用溢出处理</h2>
  <ul class="yichu">
    <li><a href="#">这5家新开的绝美博物馆 每一家都值得专程前往！</a></li>
    <li><a href="#">北纬21度上的快乐之城西双版纳</a></li>  </ul>
  </ul>
</div>
</body>
</html>
```

保存当前文档，通过浏览器预览后的效果如图4-7所示。

图4-7　文本溢出处理预览效果

////// **4.2** 控制超链接

4.2.1　文本链接、邮件链接与锚链接

2.4.3小节已经对超链接a元素的基本含义和用法进行了简单介绍，这里以案例的形式向读者介绍

在 Dreamweaver 中文本链接、邮件链接与锚链接的常见操作。

【demo4-6】文本链接、邮件链接与锚链接

① 启动 Dreamweaver，新建空白 HTML5 文档，在文档中输入一些文字，此时页面结构如下所示。

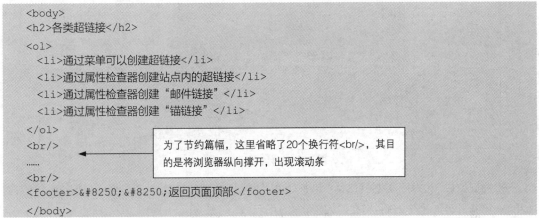

```
<body>
<h2>各类超链接</h2>
<ol>
  <li>通过菜单可以创建超链接</li>
  <li>通过属性检查器创建站点内的超链接</li>
  <li>通过属性检查器创建"邮件链接"</li>
  <li>通过属性检查器创建"锚链接"</li>
</ol>
<br/>
......
<br/>
<footer>&#8250;&#8250;返回页面顶部</footer>
</body>
```

为了节约篇幅，这里省略了20个换行符
，其目的是将浏览器纵向撑开，出现滚动条

② 选择第一行文字，在菜单栏中执行"插入"→"Hyperlink"命令，或者在"插入"面板的"HTML"类别中单击"Hyperlink"按钮，此时打开图 4-8 所示的对话框。

图 4-8 "Hyperlink"对话框

- "链接"文本框：输入要链接到的文件名称。
- "目标"下拉列表框：选择一种用于显示链接文件的方式。"_blank"指的是将链接的文件加载到一个未命名的新浏览器窗口中；"_parent"指的是将链接的文件加载到含有该链接的父窗口中；"_self"指的是将链接的文件加载到该链接所在的同一窗口中；"_top"指的是将链接的文件加载到整个浏览器窗口中。
- "标题"文本框：输入链接的标题文字，此处的文字内容会在鼠标悬停在超链接上时显示。
- "访问键"选项：用于设置在浏览器中选择该链接的等效键盘键。
- "Tab 键索引"选项：用于设置 Tab 键顺序的编号，这里可以不做任何设置。

③ 待所有设置完成后，单击"确定"按钮即可为文本添加超链接。

④ 选择第二行文字，单击"属性"面板中"链接"右侧的 文件夹图标，在弹出的对话框中选择一个文件，或者在"链接"文本框内输入文档路径和文件名，再或者可以按住 图标不放，拖曳出一个箭头，将其指向到目标文档即可建立超链接，如图 4-9 所示。

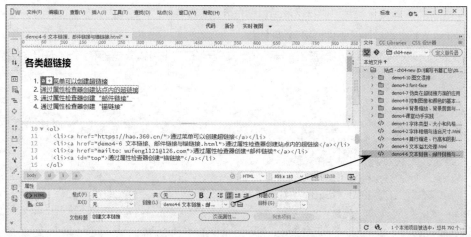

图4-9　通过属性检查器创建超链接

⑤ 选择第三行文字，并在"属性"面板中的"链接"文本框内输入"mailto：wufeng1121@
126.com"，即可创建一个邮件链接，如图4-10所示。

⑥ 在第四行文字的<a>标签内，增加ID选择器并对其进行设置，这里将ID选择器的名称定义为
"top"，如图4-11所示。

图4-10　创建邮件链接

图4-11　为<a>标签增加ID选择器

⑦ 选择页面底部最后一行文字，并在"属性"面板中的"链接"文本框内输入ID选择器名称"#top"，
即可创建一个锚链接，如图4-12所示。

图4-12　创建锚链接

⑧ 保存网页文件，在浏览器中预览后单击文字链接，可以在多个页面之间跳转或打开 Outlook
软件编写邮件；单击"返回页面顶部"文字链接，即可返回页面顶部。

4.2.2　CSS 伪类与超链接

伪类和伪元素容易被混淆，伪类本质上弥补了常规 CSS 选择器的不足，用来指定某个选择器的
状态，例如"：link""：hover"；伪元素本质上是创建了一个有内容的新元素，这个新元素在页面逻辑
结构上存在，但实际并没有内容存在于文档之中，例如，"：：before"表示选择元素内容之前的内容，
这里"元素内容之前的内容"并非真实存在。此外，对于伪元素来讲，"：：before"和"：before"是等
效的书写方式，前者是 CSS3 规范的写法，后者是 CSS2 规范的写法，本书使用"：before"。为了不
增加读者的学习负担，这里仅对常用的伪类加以介绍。

1. 什么是 CSS 伪类

伪类（pseudo-class）可以用来指定一个或者多个与其相关的选择符的状态，名字中有"伪"字，
是因为它所指定的对象在文档中并不存在。伪类的语法形式。

选择符：伪类 { 属性：属性值； }

伪类可以让用户在使用页面的过程中增加更多的交互效果，而不必去使用过多的 JavaScript 辅助完成。常见的伪类如表 4-3 所示。

表 4-3　常见的伪类

伪类	解释
:link、:visited、:hover、:active	设置超链接被访问前后的 4 个状态样式
:focus	设置对象在成为输入焦点时的样式
:not(s)（CSS3 新增）	匹配不含有 s 选择符的元素
:root（CSS3 新增）	匹配某一个元素在文档的根元素
:first-child	匹配父元素的第一个子元素
:last-child（CSS3 新增）	匹配父元素的最后一个子元素
:nth-child(n)（CSS3 新增）	匹配父元素的第 *n* 个子元素 E，假设该子元素不是 E，则选择符无效

2. CSS 伪类在超链接方面的应用

以超链接 a 元素为例，最常见的应用是通过:link、:visited、:hover 和:active 来控制链接内容访问前、访问后、鼠标悬停时及鼠标单击时的样式，样式代码如下。

微课视频

```
a:link {color:gray;}        /*链接没有被访问时字体颜色为灰色*/
a:visited{color:yellow;}    /*链接被访问过后字体颜色为黄色*/
a:hover{color:green;}       /*鼠标悬浮在链接上时字体颜色为绿色*/
a:active{color:blue;}       /*鼠标单击激活链接那一刻字体颜色为蓝色*/
```

需要特别说明的是，对于 a 元素进行的伪类设置，必须遵守"爱恨原则（LoVe-HAte）"，即: link、:visited、:hover 和:active 的顺序不能颠倒，如果顺序错乱，则会有意料之外的后果。

【demo4-7】CSS 伪类在超链接方面的应用

使用 Dreamweaver 创建 HTML5 文档，并在 head 区域创建内部样式，主要代码片段如下所示。

```
<style type="text/css">
h2, ul, li {
    margin: 0;
    padding: 0;
}
ul {
    margin:10px 20px; /*设置外边距*/
    padding: 2px; /*设置内边距*/
    list-style: none; /*清除列表原有样式*/
}
.weilei {
    float: left; /*设置浮动效果，使得两个块级元素 ul 能够左右排列*/
}
ul li a {
    display: block; /*块状化所有 a 元素*/
    width:100px; /*由于 a 元素块状化，因此这里设置 a 元素宽度*/
    height: 30px; /*由于 a 元素块状化，因此这里设置 a 元素高度*/
    line-height: 30px; /*设置行高与 a 元素高度一样，使得其内部文字能够垂直居中*/
    padding-left: 15px; /*设置左侧缩进 15px*/
    text-decoration: none; /*清除所有超链接初始状态下的下划线效果*/
    background: url(bg-0.png) no-repeat left center; /*设置超链接初始状态的背景*/
}
.weilei li a:hover {
```

```
            color: #F00;/ *设置鼠标悬停时的字体颜色*/
            text-decoration: underline;/ *设置鼠标悬停时有下划线效果*/
            background: url(bg-1.jpg) no-repeat left center;/ *由于左侧缩进，这里可以为超链
接添加图像背景*/
    }
    </style>
    </head>


    <body>
    <div>
      <h2>添加常用网址</h2>
      <ul class="weilei">
        <li><a href="#">支付宝</a></li>
        <li><a href="#">12306 官网</a></li>
        <li><a href="#">新浪视频</a></li>
      </ul>
      <ul class="weilei">
        <li><a href="#">中关村在线</a></li>
        <li><a href="#">京东</a></li>
        <li><a href="#">携程旅游</a></li>
      </ul>
    </div>
    </body>
    </html>
```

保存当前文档，通过浏览器预览的效果如图 4-13 所示。

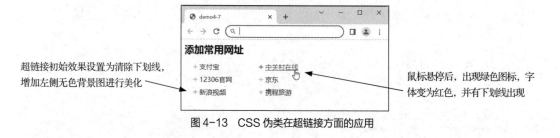

超链接初始效果设置为清除下划线，增加左侧无色背景图进行美化

鼠标悬停后，出现绿色图标，字体变为红色，并有下划线出现

图 4-13　CSS 伪类在超链接方面的应用

4.3　控制图像和颜色

有关使用 Dreamweaver 插入图像的基本操作已经在第 2 章进行了讲解，至于传统的图像热点链接和图像占位符等基本功能，由于在实际工作中使用频率较少，这里不再赘述，读者可以查阅相关文档自主练习。

4.3.1　CSS 中控制图像和颜色的基本属性

图像在 Web 前端的开发中起到的主要作用是传递信息和美化页面。图像本身的精美程度与 UI 设计有关，但如果最初的效果图制作得过于"唯美缥缈"，将会在后期对 Web 前端工程师用 HTML 还原设计原稿造成困扰。所以，Web 前端工程师要与 UI 设计师紧密沟通，在满足用户最大需求的同时，尽可能地将设计做到"接地气"。

微课视频

在 CSS3 中有关控制图像和颜色的基本属性是 background 属性及其衍生属性。该类属性使用频率非常高，读者灵活运用后将会实现许多漂亮的网页效果，具体属性详见表 4-4。

表 4-4　CSS 中用于控制图像和颜色的属性

属性	解释
background-color	设置元素的背景颜色
background-image（CSS3 更新）	将图像设置为背景
background-repeat（CSS3 更新）	设置背景图像是否重复及如何重复
background-attachment（CSS3 更新）	用于设置背景图像是否固定或者是否随着页面的其余部分滚动
background（CSS3 更新）	简写属性，作用是将背景属性设置在一个声明中
background-size（CSS3 新增）	定义背景图像的大小
background-clip（CSS3 新增）	设置元素的背景图像向外裁剪的区域
background-origin（CSS3 新增）	指定背景图像的显示区域
background-position（CSS3 更新）	图像定位，用于设置背景图像的起始位置

1. background-color

background-color 属性是背景属性的一部分，其主要功能是设置页面中相应元素的背景颜色。

2. background-image

background-image 属性用于帮助设计者引用一幅或多幅图像作为背景出现在页面中。如果某元素同时具有 background-image 属性和 background-color 属性，那么 background-image 属性将优先于 background-color 属性，也就是说背景图像永远覆盖于背景色之上。

3. background-repeat

background-repeat 属性的主要作用是设置背景图像以何种方式在网页中显示，它包含 4 种平铺方式：repeat（在垂直方向和水平方向重复）、no-repeat（不重复）、repeat-x（水平方向重复）和 repeat-y（垂直方向重复）。

4. background-attachment

background-attachment 用于设置背景图像相对于元素内容是滚动的还是固定的，可以取 fixed（背景图像相对于窗体固定）、scroll（背景图像相对于元素固定）和 local（背景图像相对于元素内容固定）3 个值，浏览器默认取值为 scroll。此外，该属性在实际工作中几乎不使用，且使用时必须预先指定 background-image 属性。

5. background

background 属性是所有有关图像 CSS 属性的简写属性，且使用频率非常高。该属性可以仅使用一行语句表示多个其他属性，具体示意图如图 4-14 所示。

图 4-14　background 属性简写示意图

【demo4-8】控制图像和颜色的基本属性

使用 Dreamweaver 创建 HTML5 文档，并在 head 区域创建内部样式，主要代码片段如下所示。

```
<style type="text/css">
```

```
body {
    margin: 0;
    padding: 0;
}/*页面初始化设置*/
.box {
    height: 800px;
    background: #f8f8f8;/*设置背景颜色*/
    background-image: url(images/bottom.png);/*设置背景图像*/
    background-position: right bottom;/*背景图像水平方向居右，垂直方向居底*/
    background-repeat: no-repeat;/*背景图像不平铺*/
}/*此处既设置背景颜色，又设置背景图像，对于容器来讲，会同时加载*/
.top {
    height: 82px;/*该高度为载入背景图像的高度，如果不设置，div元素内又没有内容将容器撑起来，
将无法显示背景图像*/
    background: url(images/top.png) repeat-x;
}
.logo {
    width: 436px;
    height: 286px;
    margin: 60px 60px;
    background: url("images/logo.png") no-repeat scroll;/*此处如果设置为fixed图像固
定，则含义为相对于当前应用logo类的div元素"固定"，而不是相对于整个页面固定*/
}
</style>
</head>

<body>
<div class="box">
  <div class="top"></div>
  <div class="logo"></div>
</div>
</body>
</html>
```

保存当前文档，通过浏览器预览的效果如图4-15所示。

此处的背景图像通过横向平铺实现效果。此外，同时设置的背景图像高度，如果不设置，div元素内又没有内容将容器撑起来，将无法显示背景图像

此处的背景图像设置了跟随滚动条滚动的效果，即使不设置，浏览器默认状态就是滚动效果

此处为box容器同时设置背景图像和背景颜色

此处设置的背景图像位置为水平方向居右，垂直方向居底

图4-15　背景图像、背景颜色预览效果

6. background-size

background-size 属性用于规定背景图像的大小。在 CSS3 之前，背景图像的尺寸是由图像的实际尺寸决定的。而在 CSS3 中，可以规定背景图像的尺寸，这就允许设计者在不同的环境中重复使用同一背景图像。

background-size 属性需要 1 个或 2 个值，这些值既可以是像素值，又可以是百分值或 auto，还可以是特定值 cover 或 contain。

当取 cover 时，图像将缩放到正好完全覆盖定义背景的区域；当取 contain 时，图像将缩放到宽度或高度正好适应定义背景的区域。

7. background-clip

background-clip 属性用于指定对象的背景图像向外裁剪的区域，各种取值内容如下。

（1）padding-box：从 padding 区域（不含 padding）开始向外裁剪背景。

（2）border-box：从 border 区域（不含 border）开始向外裁剪背景。

（3）content-box：从 content 区域开始向外裁剪背景。

（4）text：将前景内容的形状（比如文字）作为裁剪区域向外裁剪，如此即可实现使用背景作为填充色之类的遮罩效果。

8. background-origin

background-origin 属性规定背景图像的定位区域，有 content-box（仅在内容区域显示背景）、padding-box（从内边距开始显示背景）和 border-box（从边框区域开始显示背景）3 种属性值可以选择。

9. background-position

background-position 属性用于精确指定背景图像的位置。

【demo4-9】背景缩放、背景剪裁与背景起点

使用 Dreamweaver 创建 HTML5 文档，并在 head 区域创建内部样式，主要代码片段如下所示。

```
<style type="text/css">
body, div, h2, p {
    margin: 0;
    padding: 0;
}
.box {
    border: 1px #FF0000 solid;
    margin-bottom: 10px;
}
.size {
    width: 300px;
    height: 150px;
    background: url(bg.jpg) no-repeat;
    background-size: contain;/*设置背景图像跟随容器大小等比例缩放*/
}
.box p {
    font-family: "微软雅黑";
    font-weight: bold;
    font-size: 60px;
    background: url(bg.jpg) no-repeat;/*设置文字的背景图像*/
    background-repeat: repeat;/*平铺效果使得更多文字能够有背景*/
```

```
        -webkit-background-clip: text;/ *指定对象的背景图像向外裁剪的区域为文本*/
        -webkit-text-fill-color: transparent;/ *设置文字填充颜色为透明*/
}
.origin {
        width: 300px;
        height: 150px;
        border: 10px dashed #FF0;/ *设置虚线边框，有助于观察背景图像从哪里开始平铺*/
        background: url(bg.jpg) no-repeat;
        background-origin: border-box;/ *设置背景图像填充的开始区域，即从边框开始填充背景*/
}
</style>
</head>

<body>
<div class="box">◀─────────────  此容器用于测试背景图像缩放效果
  <h2>background-size: contain;</h2>
  <div class="size"></div>
</div>
<div class="box">◀─────────────  此容器用于测试背景图像剪裁效果
  <h2>background-clip:text;</h2>
  <p>(遮罩文字效果)文本以外的区域被剪裁了！</p>
</div>
<div class="box">◀─────────────  此容器用于测试背景图像起始
  <h2>background-origin: border-box;</h2>           位置
  <div class="origin"></div>
</div>
</body>
</html>
```

保存当前文档，通过浏览器预览的效果如图 4-16 所示。

图 4-16　背景缩放、背景剪裁、背景起点预览效果

4.3.2　图文混排

图文混排指的是图像和文字依照某种布局呈现在网页上的样子。在实际工作中，图文混排使用频率非常高，各类版式布局均会涉及此类需求。本小节以新闻类网站中的图文混排为例向读者介绍相关知识。

在本案例中，希望读者能够体会从全局方面编写 CSS 样式的思路，提高区块分析的能力，掌握框架结构搭建的方法和思路，学习载入背景图像后有关 CSS 的设置方法，最后简单了解"浮动"的知识（有关"浮动"的详细内容在第 5 章讲解）。

需要特别提醒的是，读者切勿将代码从头至尾敲一遍，结构代码可以预先创建，但 CSS 样式代码要先创建全局样式，再逐步细化至针对某个容器的样式。

【demo4-10】图文混排

这里拟使用两种方法实现图文混排的效果，如图 4-17 所示。通过仔细观察，可以将图文混排的布局进行详细规划，示意图如图 4-18 所示。

在本案例中，方法一的核心思路是，将内联元素图像嵌入块级元素 div 中，再借助无序列表盛放多个新闻链接实现图文混排的效果；方法二的核心思路是，将图像和主新闻标题放入超链接元素中，再搭配段落元素盛放多个新闻链接实现图文混排的效果。

需要说明的是，构思出布局示意图的过程并非一蹴而就，而是根据经验和实际布局走向进行规划，在为各种容器进行命名的过程中，选择的名称也应该有语义，便于理解。

图 4-17　某新闻类网站图文混排效果

图 4-18　图文混排的布局示意图

方法一

① 启动 Dreamweaver，创建新站点，并在其中建立存放图像的文件夹"images"，然后将预先准备好的图像存放在该文件夹中。

② 创建空白 HTML5 文档，并在其中根据布局示意图创建相互嵌套、具有层次关系的结构代码，具体代码如下所示。

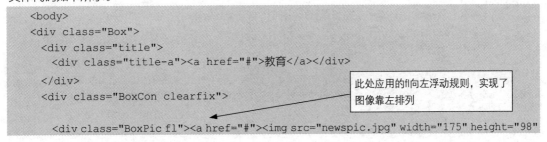

```
<body>
<div class="Box">
  <div class="title">
    <div class="title-a"><a href="#">教育</a></div>
  </div>
  <div class="BoxCon clearfix">

    <div class="BoxPic fl"><a href="#"><img src="newspic.jpg" width="175" height="98"
```

此处应用的fl向左浮动规则，实现了图像靠左排列

```
alt=""/></a> </div>
    <div class="BoxTxt fl">
      <ul>
        <li><a href="#">这里省略了文字内容…</a></li>
        <li><a href="#">这里省略了文字内容…</a></li>
        <li><a href="#">这里省略了文字内容…</a></li>
        <li><a href="#">这里省略了文字内容…</a></li>
      </ul>
    </div>
  </div>
  <div class="BoxConBig">
    <ul>
      <li><a href="#">这里省略了文字内容…</a></li>
      <li><a href="#">这里省略了文字内容…</a></li>
      <li><a href="#">这里省略了文字内容…</a></li>
      <li><a href="#">这里省略了文字内容…</a></li>
    </ul>
  </div>
</div>
</body>
```

> 此处应用的fl向左浮动规则，实现了文字跟随图像混排的效果

需要注意的是，在创建层次结构时，各类容器均使用类名称进行命名，而且诸如"<div class="BoxTxt fl">"等容器在创建时是先创建"<div class="BoxTxt">"，后期根据浮动的需要又修改为"<div class="BoxTxt fl">"。

③ 在页面 head 区域创建有关全局的内部样式，具体代码片段如下所示。

```
* {padding: 0;margin: 0;border: none;}/*页面初始化*/
body {
    font-size: 14px;
    font-family: "微软雅黑";
}/*设置页面所有文字大小和类型*/
ul {list-style: none;}/*设置无序列表没有前面的列表项圆点*/
img {
    border: none;
    text-decoration: none;
    display: block;
}/*设置所有图像元素为块级元素*/
a {
    color: #212223;/*设置超链接初始化字体颜色，该颜色根据网站整体风格设置*/
    text-decoration: none;/*设置超链接初始状态没有下划线效果*/
}
a:hover {
    text-decoration: none;/*设置鼠标悬停时，无下划线效果*/
    color: #f54343;
    cursor: pointer;
}
a img, :link img, :visited img {
    border: 0;/*设置图像无论是在何种状态，都没有边框*/
}
.fl {float: left;}/*设置当前对象向左浮动*/
```

> 图文混排的核心步骤就是对图像和文字进行浮动设置，后续章节将进行详细介绍，这里仅做了解

```
.clearfix:after {
    content: ".";
    display: block;
    height: 0;
    clear: both;
    visibility: hidden;
}/*清除浮动效果的主流书写方法*/
```

此处的书写方法为清除浮动效果的主流方法，后续章节将进行介绍，这里仅做了解

需要说明的是，对全局进行 CSS 样式初始化时主要考虑了以下几个问题。

- 清除页面所有元素的内外边距默认属性，使得各个浏览器预览时效果统一。
- 对页面整体字体、字号、超链接默认外观和超链接伪类状态时的外观进行统一设置。
- 由于本页面大量使用无序列表，所以首先需要将无序列表的初始外观清除。
- 对站点复用率非常高的浮动和清除浮动进行统一设置。

④ 从层叠容器的最外层详细编写各个容器的 CSS 样式规则。首先需要给整个容器限制一个宽度，并对板块标题进行美化，具体 CSS 代码如下。

```
.Box {
    width: 480px;
    margin: 0 auto;/*设置当前容器在浏览器水平方向居中*/
}
.title {
    border-bottom: 1px solid #fcc6c6;
    margin-top: 10px;
    font-size: 1.4em;
    font-weight: bold;
}/*设置栏目标题整体样式，以及红色细边框效果*/
.title-a {
    width: 44px;
    padding-bottom: 4px;
    border-bottom: 0.2em solid #f54343;
}/*设置栏目板块标题样式，以及红色粗边框效果*/
```

保存当前文档，通过浏览器预览的效果如图 4-19 所示。

⑤ 针对 BoxPic 和 BoxTxt 容器的元素进行 CSS 样式的编写，具体代码如下。

```
.BoxCon {
    padding: 6px 0 0;
}
.BoxPic {
    width: 175px;
    height: 98px;
    margin-top: 10px;
    margin-right: 13px;
    overflow: hidden;/*设置当前容器内容如果溢出，则进行隐藏处理*/
}
.BoxTxt {
    width: 290px;
}/*设置右侧文字区域的宽度，该宽度+图片宽度应小于整个容器的宽度*/
.BoxTxt ul li a {
    display: block;
    font-size: 14px;
    line-height: 28px;
```

```
    text-overflow: ellipsis;
    overflow: hidden;
    white-space: nowrap;
}/*设置文字链接的外观和文本溢出时的效果*/
```

保存当前文档，通过浏览器预览的效果如图4-20所示。

图4-19　当前预览效果（1）

图4-20　当前预览效果（2）

⑥ 接着针对 BoxConBig 容器的所有元素进行 CSS 样式的编写，主要是美化无序列表的整体外观，具体代码如下。

```
.BoxConBig {
}/*此容器暂时不需要 CSS 样式，这里仅为了层次结构进行命名*/
.BoxConBig ul li {
    padding-left: 13px;
    background: url(li_bg.png) no-repeat left center;
}/*对列表的背景图像进行美化，显示效果为标签前面的灰色圆点*/
.BoxConBig ul li a {
    font-size: 14px;
    color: #212223;
    line-height: 28px;
}/*设置标题超链接文字的外观*/
.BoxConBig ul li a:hover {
    color: #f54343;
    text-decoration: none;
}
```

保存当前文档，通过浏览器预览的效果如图4-21所示。

图4-21　图文混排最终效果（方法一）

方法二

① 继续在当前文档结构后面编写所需的结构代码。

```
<body>
<div class="Box">这里是方法一的容器，这里仅做代码结构示意</div>
<div class="Box">
  <div class="title">
    <div class="title-a"><a href="#">教育</a></div>
  </div>
  <div class="BoxCon clearfix">
<a class="title-img-a">


<img class="title-img-img" src="newspic.jpg" alt=""/>
<span class="title-img-txt">这里省略了文字内容...</span>
</a>


    <p class="BoxCon-p"><a href="#">这里省略了文字内容...</a></p>
    <p class="BoxCon-p"><a href="#">这里省略了文字内容...</a></p>
    <p class="BoxCon-p"><a href="#">这里省略了文字内容...</a></p>
    <p class="BoxCon-p"><a href="#">这里省略了文字内容...</a></p>
  </div>
</div>
```

定义超链接（图文）整体样式

设置图像向左浮动

设置文本同样向左浮动，实现图文混排效果

② 基于上述代码分析，进行 CSS 样式的编写，具体代码如下。

```
.title-img-a {
    display: block;
    width: 100%;
    height: 106px;
    font-size: 1.2em;
    font-weight: 600;
    margin-top: 4px;
}/*设置超链接（图文）整体样式*/
.title-img-img {float: left;margin: 0px 10px 0 0;}/*设置图像向左浮动*/
.title-img-txt {display: block;float: left;width:290px;}/*设置文字向左浮动*/
.BoxCon-p {
    width: 100%;
    line-height: 2em;
    overflow: hidden;
}/*设置段落行高样式*/
```

保存当前文档，通过浏览器预览的效果如图 4-22 所示。

至此，使用两种方法实现图文混排效果的所有过程已经讲解完成。在本案例中，绝大部分 CSS 代码都是对容器的美化，包括使用边框线条用作底纹、载入图像用作无序列表的项目符号，以及超链接多个状态的设置，只有两处使用了"fl"类规则，就实现了文字环绕图像的排版效果。

从整个制作过程来看，前期需要分析页面布局，在充分了解各个容器嵌套的关系后，才能着手编写 HTML 结构。而编写 CSS 样式的过程则是在结构有大致轮廓的基础上，从全局出发，一步步进行 CSS 样式的编写，边预览效果边修改 CSS 代码或结构代码，最终完成既定目标。

图 4-22　图文混排最终效果（方法二）

4.4　课堂动手实践

【思考】

1. 使用 CSS 中的 font-family 属性同时赋予 3 个字体样式，计算机会使用哪个？为什么？

2. 什么是在线字体？使用它有什么好处？

3. 什么是 CSS 伪类？举例说明。

4. 对某个元素同时赋予背景颜色和背景图像属性，如何显示？

5. 图文混排的核心是什么？

6. text-shadow 属性用于控制什么？

【动手】

1. 如何在页面中插入图 4-23 所示的特殊字符？

图 4-23　第 1 题预览效果

2. 利用图文混排的知识制作图 4-24 所示的效果。

图 4-24　第 2 题预览效果

Web Design
with HTML5
and CSS3

第 5 章
浮动、定位与列表

【本章导读】

前面已经从文字、图像、超链接等方面向读者介绍了 Web 前端排版所需的基本知识，但掌握这些知识还不足以灵活控制页面元素。本章继续向读者介绍在实际工作中使用频率非常高的三类知识，即浮动、定位与列表。通过本章的学习，读者基本能够学会创建并控制较为复杂的网页版面。

【学习目标】

- 理解浮动的基本概念和原理，掌握创建浮动和清除浮动的方法；
- 重点掌握相对定位和绝对定位的使用方法；
- 认知列表元素；
- 掌握纵向导航和横向导航的实现方法；
- 掌握图文混合列表的实现方法。

【素质目标】

- 培养学生的相互沟通能力和团队协作精神；
- 培养学生沉稳的学习习惯，进一步培养在工作中执着钻研、精益求精的职业精神。

【思维导图】

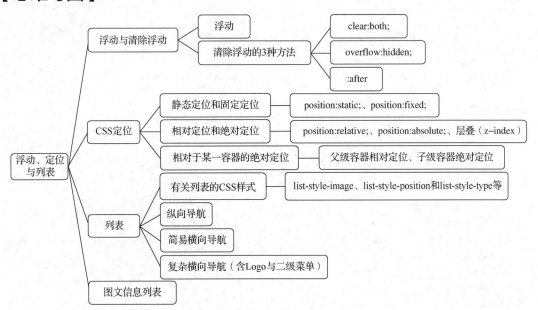

5.1 浮动与清除浮动

5.1.1 浮动

浮动（float）是 CSS 样式中有关布局的属性，其含义是应用该属性的元素会脱离当前文本流向左或向右移动，直到它的外边缘碰到父级元素的包含框或另一个浮动框的边框才会停止。

微课视频

通过对各大主流网站的分析可以发现，该属性使用频率非常高，天猫首页包含 74 处浮动，新浪首页包含 167 处浮动，京东首页包含 24 处浮动。打开某网站主页，按下快捷键 F12，进入开发者模式，找到当前页面的 CSS 文件并打开，搜索 "float:" 关键字即可查找到浮动使用情况。更有趣的是绝大多数浮动均设置为 "float:left;"，即容器向左浮动。那么为什么浮动的使用频率这么高？它到底有何用处呢？下面就向读者详细介绍。

1. 向左浮动或向右浮动

"float:left;" 即是向左浮动，"float:right;" 即是向右浮动。当某个元素具有向左（右）浮动的属性时，该元素就会生成一个块级框，然后脱离当前文档流向左（右）移动，直到碰到左（右）边缘。

【demo5-1】向左（右）浮动

① 使用 Dreamweaver 创建 HTML5 文档，创建一组嵌套的 DIV 容器，在本页面的 head 区域创建相关 CSS 样式规则，具体代码如下所示。

```
<style type="text/css">
body { font-size: 22px; }
.wrap {
    width: 400px;
    border: 2px #F60 dotted;
    margin: 10px auto;
}
.box {
    width: 100px;
    height: 100px;
    border: 2px #36F dotted;
    margin: 10px;
}
.fl {  float: left;/*向左浮动*/  }
.fr {  float: right;/*向右浮动*/  }
</style>
</head>

<body>
<div class="wrap">
  <div class="box">box-1</div>
  <div class="box">box-2</div>
  <div class="box">box-3</div>
</div>
</body>
</html>
```

② 保存当前文档，通过浏览器预览的效果如图 5-1 所示。

③ 修改结构代码，为 "box-1" 容器增加 "float:right;" 属性，即将 "<div class="box">box-1</div>" 修改为 "<div class="box fr">box-1</div>"。这时 "box-1" 容器便脱离文档流向右移动，直到它的右边缘碰到父级容器 wrap 的右边框为止，如图 5-2 所示。

此处，由于 DIV 是块级元素，在初始状态下，多个 DIV 容器会纵向排列，并且将父级容器 wrap 的高度撑开

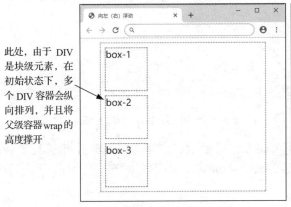

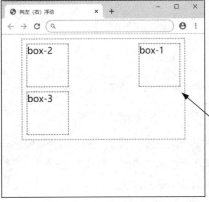

"box-1" 容器脱离文本流后向右移动，碰到父级容器 wrap 的边框便停了下来。由于 "box-1" 容器移动，"box-2" 容器便占据了 "box-1" 容器的位置

图 5-1　各容器初始状态　　　　　图 5-2　"box-1" 容器浮动效果

④ 使用步骤 3 的方法，为 "box-2" 容器增加 "float:left;" 属性，即将结构代码修改为 "<div class="box fl">box-2</div>"。这时 "box-2" 容器便脱离文档流向左移动，由于 "box-2" 容器原本就在左侧，看起来好像没有发生过移动，但容器的实际属性已经发生变化，如图 5-3 所示。

⑤ 再次修改结构代码，统一为 "box-1" "box-2" 和 "box-3" 容器增加 "float:left;" 属性。这时 "box-1" 容器向左浮动直到碰到父级容器 wrap 的左边框为止，另外两个元素也向左浮动，直到碰到前一个浮动框为止，如图 5-4 所示，最终将纵向排列的 DIV 容器变成了横向排列。

细心的读者可以发现，由于 "box-1" "box-2" 和 "box-3" 容器均拥有向左浮动的属性，集体脱离了文档流，致使包含这 3 个容器的父级容器（也称父容器）wrap 内部没有任何内容，所以 wrap 被简化为一条位于页面顶部的线。解决这种问题的方法是清除浮动，后续内容将延续该案例进行讲解。

由于 "box-2" 容器不再处于文档流中，所以它不占据空间，实际上覆盖了 "box-3" 容器，致使 "box-3" 容器从视图中消失

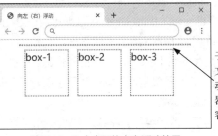

子元素全部脱离文档流进行浮动，致使父级容器 wrap 中没有内容将其撑开

图 5-3　"box-2" 浮动效果　　　　　图 5-4　3 个容器均向左浮动效果

2. 浮动时由于容器空间不够造成的错位

当父级容器宽度无法容纳其内部浮动元素并列放置时，部分浮动元素将会向下移动，直到有足够的空间放置它们。

【demo5-2】浮动时空间不够

① 继续使用【demo5-1】的源代码。将 wrap 容器的宽度设置为 "width:300px;"，这时无法并列放置所有元素，通过浏览器预览的效果如图 5-5 所示。

② 新增 "box-1" 类规则，其中的高度设置为 "height:180px;"，然后将该类规则应用到 "box-1"

容器上。这时"box-1"容器高度增加，挡住了"box-3"容器，致使"box-3"停留在"box-2"容器的下方，如图 5-6 所示。

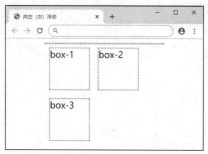

图 5-5　父级容器宽度不够的情况

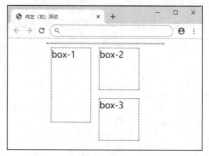

图 5-6　浮动的容器相互挤压的情况

从本案例可以发现，当页面某个容器被赋予浮动属性后，页面元素的位置会相互影响，增加了开发人员控制页面容器的难度。那么，如何做到既能灵活使用浮动属性，又不让页面布局混乱呢？下面将重点讲解清除浮动的方法。

5.1.2　清除浮动的 3 种方法

微课视频

浮动与清除浮动一般是配套使用的。当某一块级容器被赋予浮动属性后，会对其跟随的块级容器产生影响。为了避免这种影响，通常在适合的时候将浮动属性进行清除，以保证后续容器的布局不会混乱。

在 CSS 样式中，clear 属性是清除浮动的常规属性。该属性的取值有 3 个，即 both（左右两侧均不允许浮动元素）、left（左侧不允许浮动元素）和 right（右侧不允许浮动元素）。在实际工作中，仅使用 clear 属性并不能彻底清除浮动，下面向读者介绍 3 种清除浮动比较常见的方法。

1. 方法一：额外增加应用"clear: both;"规则的空容器

在浮动元素后额外增加一个空容器，比如"<div class="clear"></div>"，然后在 CSS 中为该容器赋予".clear{clear:both;}"属性即可清理浮动。

【demo5-3】清除浮动（方法一）

① 继续使用【demo5-1】的源代码。在图 5-4 中，由于父级容器 wrap 没有设置高度，又遇到其子容器（也称子级容器）均被赋予浮动属性，脱离文档流，致使 wrap 容器中没有内容，缩减为一条线置于页面顶端。

② 为了清除子容器的浮动效果对其他容器的影响，这里需要在结构代码中增加一个空容器，并编写对应的 CSS 样式规则，主要代码如下。

```
<style type="text/css">
.clear {  clear: both;/*清除左右浮动*/  }
</style>
<body>
<div class="wrap">
  <div class="box fl">box-1</div>
  <div class="box fl">box-2</div>
  <div class="box fl">box-3</div>
  <div class="clear"></div>
```

这里增加的空容器应用了清除浮动的CSS样式规则，可以清除对后续块级容器的影响

```
    </div>
    </body>
```

保存当前文档，通过浏览器预览的效果如图 5-7 所示。

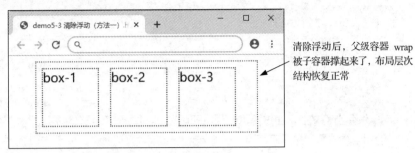

图 5-7　清除浮动（方法一）预览效果

使用此方法清除浮动的优点是代码量少，浏览器兼容性好；缺点是需要添加大量无语义的 HTML 结构代码，代码不够优雅，后期不容易维护。

2. 方法二：使用"overflow: hidden;"规则清除浮动

向浮动容器的父容器添加"overflow:hidden;"或"overflow:auto;"可以清除浮动。在添加 overflow 属性后，浮动的容器又回到了容器层，把容器高度撑起，达到了清除浮动的效果。

【demo5-4】清除浮动（方法二）

① 继续使用【demo5-1】的源代码。针对"box-1""box-2"和"box-3"的父级容器 wrap 增加 CSS 样式规则，代码如下。

```
.wrap {
    width: 400px;
    border: 2px #F60 dotted;
    margin: 10px auto;
    overflow: hidden;
}
```

② 保存当前文档，通过浏览器预览即可看到与图 5-7 一样的效果。

使用此方法并不理想，因为这里并没有实现真正清除浮动的效果。在父级容器没有明确容器高度的情况下，overflow 属性需要计算父级容器 wrap 的全部高度，才能确定在什么位置将多余的内容隐藏，而在计算过程中，浮动的高度是要被计算进去的，这时顺便达到了清除浮动的目的。

3. 方法三：使用":after"伪元素清除浮动

":after"伪元素能够在被选元素的内容后面插入另一内容。在实际执行时，首先给浮动的容器添加一个名为"clearfix"的 class，然后给这个 class 添加一个":after"伪元素，实现在容器末尾添加一个看不见的容器以清除浮动。

【demo5-5】清除浮动（方法三）

① 继续使用【demo5-1】的源代码。在页面头部的 CSS 样式规则中增加如下代码。

```
<style type="text/css">
.clearfix:after {
    content: ".";
    display: block;
    height: 0;
    clear: both;
    visibility: hidden;/ *使对象隐藏，但保留其物理空间*/
```

```
}
</style>
```
② 修改结构代码，在应用浮动的父级容器中使用之前创建的类规则，层级结构如下。
```
<body>
<div class="wrap clearfix">
  <div class="box fl">box-1</div>
  <div class="box fl">box-2</div>
  <div class="box fl">box-3</div>
</div>
</body>
```
③ 保存当前文档，通过浏览器预览即可看到与图 5-7 一样的效果。

使用该方法需注意以下两点：一是 content 属性是必须的，其值可以为"."或空；二是必须为需要清除浮动元素的伪对象设置"height:0;"，否则该元素会比实际高出若干像素。这种清除浮动的方法是实际工作中较为常用的方法。

5.2 CSS 定位

定位是必须熟练掌握的知识，它在工作中的使用频率很高。图 5-8、图 5-9 所示为定位属性在生活场景中的应用。

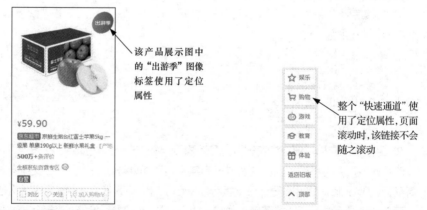

图 5-8 购物网站某区域截图　　　　图 5-9 "360 导航"首页右侧快速通道截图

CSS 中有关定位的属性包括 position、z-index（层叠顺序）、top、left、right、bottom 和 clip，各属性的含义如下。

（1）position：该属性用于帮助开发人员对页面任意元素出现的位置进行指定。

（2）z-index：该属性用于指定元素的上下层叠关系。

（3）top：该属性用来指定盒子参照相对物顶边界的向下偏移量，即距离顶部的距离。

（4）left：该属性用来指定盒子参照相对物左边界的向右偏移量，即距离左边距的距离。

（5）right：该属性用来指定盒子参照相对物右边界的向左偏移量，即距离右边距的距离。

（6）bottom：该属性用来指定盒子参照相对物底边界的向上偏移量，即距离底部的距离。

（7）clip：该属性用于设置对象的剪裁区域。以后，clip 属性将会被弃用，取而代之的是 clip-path 属性，但在过渡阶段仍然会存在一段时间。

在上述多个属性中，position 属性较为重要，它有 4 种不同类型的定位模式，详见表 5-1。

表 5-1　position 属性的取值及其含义

取值	含义
static	position 属性的默认值，无特殊定位
fixed	固定，元素框的表现类似于将 position 属性设置为 absolute，元素被固定在屏幕的某个位置，不随滚动条滚动
relative	相对，元素虽然偏移某个距离，但仍然占据原来的空间
absolute	绝对，元素在文档中的位置会被删除，定位后生成一个块级元素

5.2.1　静态定位和固定定位

1. 静态定位

静态定位（static）是 position 属性的默认值，没有特殊的定位含义。在不重新定位的情况下，即便对某一元素应用了静态定位（position:static;），页面布局也不会有任何变化。

微课视频

2. 固定定位

如果某一元素应用了固定定位（position:fixed;），那么当页面发生滚动时，该对象依然会停留在原有的位置上，相对于整个浏览器来说没有发生移动。

【demo5-6】固定定位

使用 Dreamweaver 创建 HTML5 文档，并在 head 区域创建内部样式，主要代码片段如下所示。

```
<style type="text/css">
* {
     margin: 0;
     padding: 0;
}
.wrap {
     width: 75%;
     margin: 0 auto;
     border: 1px #999999 solid;
     text-align: center;
     font-size: 30px;
     font-family: "微软雅黑";
     font-weight: bolder;
     color: #F90;
}
ul {
     list-style: none;              /*清除无序列表默认样式外观*/
}
.elevator {
     width: 50px;
     overflow: hidden;
     position: fixed;               /*设置固定定位*/
     left: 3%;                      /*距左侧有整个宽度的 3%，相对值*/
     top: 200px;                    /*距顶部 200px，绝对值*/
}
.elevator li a {
     display: block;                /*块级化超链接元素*/
```

```
        width:50px;
        height: 50px;
        line-height: 50px;
        color: #625351;
        font-size: 20px;
        font-family: Arial;
        text-align: center;
}
.elevator li a:hover {
        background: #c81623;
        color: #FFF;
}/*设置鼠标悬停后的样式效果*/
</style>
</head>

<body>
<div class="wrap">
  <h1>请滚动本页面</h1>
  <p style="margin-top:500px;">Scroll down</p>
  <p style="margin-top:500px;">Scroll down</p>
  <p style="margin-top:500px;">Scroll down</p>
</div>
<div class="elevator" id="elevator">
  <ul>
    <li><a href="#">1F</a></li>
    <li><a href="#">2F</a></li>
    <li><a href="#">3F</a></li>
    <li><a href="#">4F</a></li>
    <li><a href="#">5F</a></li>
    <li><a href="#">6F</a></li>
  </ul>
</div>
</body>
```

> 此处增加多个段落元素，目的是让整个页面出现纵向滚动条

> 此处容器被赋予"position: fixed;"属性，预览时左侧导航将不会跟随页面滚动而滚动

保存当前文档，通过浏览器预览的效果如图 5-10 所示，鼠标向下滚动后的效果如图 5-11 所示。

图 5-10　鼠标滚动时左侧导航固定

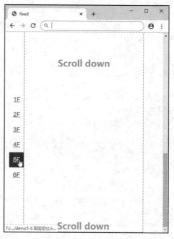

图 5-11　页面滚动后左侧导航仍然固定

5.2.2　相对定位和绝对定位

1．相对定位

相对定位（relative）指的是通过设置水平或垂直位置的值，让这个容器相对于它的原始位置进行移动，而该容器原始位置的空间仍然保留。为了进一步理解其含义，这里给出一个案例。

微课视频

【demo5-7】相对定位

① 使用 Dreamweaver 创建 HTML5 文档，并在 head 区域创建内部样式，主要代码片段如下所示。

```
<style type="text/css">
body,div,h4 {
    margin:0;
    padding:0;
    font-size: 30px;
}
div {
    width: 300px;
    line-height: 30px;
    padding-left: 5px;
    font-size: 30px;
    background: #6CF;
}
# content {
    background: #F90;
    padding-left: 5px;
    border: 1px #000 dashed;
}
.abc {
    width: 250px;
    background: #FFF;
    border: 1px #000 dashed;
    margin: 0 0 10px 20px;
    padding-left: 5px;
}
</style>
</head>

<body>
<div>top</div>
<div id="content" >          ←───── 拟将该容器设置为相对定位，
  <h4>content</h4>                   请读者仔细观察该容器使用
  <div class="abc">box-1</div>       定位后的位置
  <div class="abc">box-2</div>
</div>
<div>footer</div>
</body>
```

② 保存当前文档，通过浏览器预览的效果如图 5-12 所示。

③ 在 CSS 样式代码中，针对"#content"容器增加相对定位的代码，具体内容如下。

```
# content {
    background: #F90;
    padding-left: 5px;
    border: 1px #000 dashed;
    position: relative;          /*设置相对定位*/
    top: 50px;                   /*距离顶部 50px*/
    left: 100px;                 /*距离左侧 100px*/
}
```

④ 保存当前文档，通过浏览器预览的效果如图 5-13 所示。此时可以清楚地发现，"content"容器相对于原来自己的位置发生了偏移，且偏移量由"top"和"left"属性进行控制。

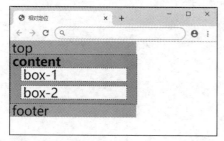

图 5-12　没有设置相对定位的初始预览效果

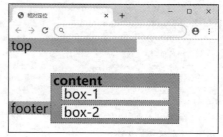

图 5-13　为"#content"容器设置相对定位的预览效果

2. 绝对定位

绝对定位（absolute）与相对定位有明显不同，相对定位的参照物是该元素的原始位置，而绝对定位的参照物是最近的已定位的祖先元素，如果文档中没有已定位的祖先元素，那么它的参照物是浏览器的左上角。

当某个容器被"position:absolute;"语句赋予绝对定位属性时，该容器可以被放置在文档中的任何位置。

【demo5-8】绝对定位

① 使用【demo5-7】初始时的结构代码和 CSS 样式继续讲解。

② 这里拟针对"box-1"容器进行绝对定位的设置，修改的结构代码和新增的 CSS 样式代码如下。

```
<style type="text/css">
#box-1 {
    position: absolute;          /*设置绝对定位*/
    top:80px;                    /*距离顶部 80px*/
    left:90px;                   /*距离左侧 90px*/
}
</style>
<div id="content" >
  <h4>content</h4>
  <div class="abc" id="box-1">box-1</div>
  <div class="abc">box-2</div>
</div>
```

保存当前文档，通过浏览器预览的效果如图 5-14 所示。将预览效果与图 5-12 进行对比可以发现，由于"box-1"容器的父级元素都没有使用相对定位的元素，故"box-1"容器定位的参照物为浏览器左上角。

3. 层叠（z-index）

z-index 属性用于设置元素的堆叠顺序。对于同级元素，z-index 属性取值大的元素会覆盖 z-index 属性取值小的元素，即 z-index 属性取值越大，优先级越高。

特别说明的是，z-index 属性仅在当前容器使用了 position 属性，且属性值为 relative、absolute 或 fixed 时生效。

在【demo5-8】中，在"#box-1"容器的 CSS 样式代码中增加"z-index:-1;"语句，预览后的效果如图 5-15 所示。由此可以发现，由于"#box-1"容器的层叠值被设置为负值，故部分内容隐藏于其他容器的后面。

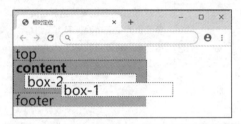 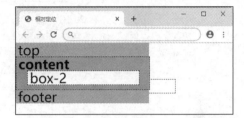

图 5-14 为"box-1"容器设置绝对定位的预览效果　图 5-15 为"#box-1"容器设置 z-index 属性的预览效果

5.2.3 相对于某一容器的绝对定位

微课视频

之前讲解的定位，其参照物要么是容器原有的位置，要么是浏览器的左上角，而在实际工作中，相对于某一容器进行的定位才是使用频率较高的一种方式，如图 5-16 所示。

此处"推荐"图标，相对于父级容器进行绝对定位

图 5-16 "携程旅行网"局部截图

如何实现这种定位效果呢？这里提前给出这样的结论：要让 Y 容器相对于其父级容器 X 进行绝对定位，那么 X 容器自身需要设置为相对定位，Y 容器自身需要设置为绝对定位，这就是实现相对于某一容器进行定位的核心知识。

【demo5-9】相对于某一容器的绝对定位

使用 Dreamweaver 创建 HTML5 文档，并在 head 区域创建内部样式，主要代码片段如下所示。

```
<style type="text/css">
body {font: 12px/1.5 Arial, Helvetica, sans-serif;}
.box {
    width: 220px;
    height: 110px;
    margin: 10px auto;
    overflow: hidden;
```

```
        border: 1px #333333 solid;
        padding: 5px;
        position: relative;
}
.tag {
        width: 41px;
        height: 41px;
        line-height: 1.9;
        color: #fff;
        background: url(sprite_tag.png) no-repeat 0 0;
        text-align: center;
        position: absolute;
        top: 0;
        left: 15px;
}
</style>
</head>


<body>
<div class="box">
    <img src="bg.jpg" width="220" height="110"><span class="tag">特卖</span>
</div>
</body>
</html>
```

此处将父级容器设置为相对定位，其目的是让其子级容器都参照这里进行定位

此处将tag容器设置为绝对定位，参照物为父级容器，因为父级容器含有相对定位的属性

父级容器box

子级容器span

保存当前文档，通过浏览器预览的效果如图 5-17 所示。

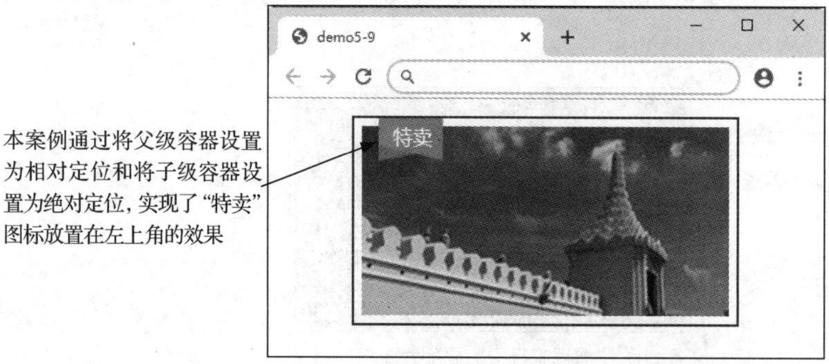

本案例通过将父级容器设置为相对定位和将子级容器设置为绝对定位，实现了"特卖"图标放置在左上角的效果

图 5-17　相对于某一容器的绝对定位预览效果

5.3　列表

列表元素（ul、ol、dl）和列表项元素（li）的基本知识已经在第 2 章进行了简单介绍，本节结合相关从业者工作中解决问题的经验，向读者介绍有关列表的常见布局及其实现方法。

5.3.1　有关列表的 CSS 样式

在 CSS 样式中，主要是通过 list-style-image 属性、list-style-position 属性和 list-style-type 属性改变列表修饰符的类型。有关列表的 CSS 样式属性详见表 5-2。

表 5-2　有关列表的 CSS 样式属性

属性	说明
list-style	复合属性，用于把所有用于列表的属性设置于一个声明中
list-style-image	将图像设置为列表项标记
list-style-position	设置列表项标记如何根据文本排列
list-style-type	设置列表项标记的类型
marker-offset	设置标记容器和主容器之间水平补白

在实际工作中，list-style-type 属性最为常用，但通常使用复合属性将列表设置为"list-style: none;"，即清除当前列表的默认样式。有关 list-style-type 属性的属性值如表 5-3 所示，这里仅列举常见的内容，更多内容请读者自行了解。

表 5-3　list-style-type 属性中常见的属性值

属性值	说明
none	无标记，不使用项目符号
disc	默认值，标记是实心圆点
circle	标记是空心圆点
decimal	标记是数字
upper-roman	大写罗马数字，如 I、II、III、IV、V 等
upper-alpha	大写英文字母，如 A、B、C、D、E 等

【demo5-10】list-style-type 属性
创建 HTML5 文档，并在 head 区域创建内部样式，主要代码片段如下所示。

```
<style type="text/css">
.aa {list-style-type: upper-roman;}      /*设置为大写罗马数字*/
.bb {list-style-type: upper-alpha;}      /*设置为大写英文字母*/
.cc {list-style-type: disc;}             /*设置为实心圆点*/
.dd {list-style-type: square;}           /*设置为实心方块*/
</style>
<body>
<ul id="wx">
  <li class="aa">此处列表项是"大写罗马数字"</li>
  <li class="bb">此处列表项是"大写英文字母"</li>
  <li class="cc">此处列表项是"实心圆点"</li>
  <li class="dd">此处列表项是"实心方块"</li>
</ul>
</body>
```

保存当前文档，通过浏览器预览的效果如图 5-18 所示。

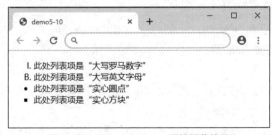

图 5-18　list-style-type 属性预览效果

5.3.2 纵向导航

微课视频

由于无序列表在默认状态下的外观就是纵向排列，所以纵向导航的主体结构通常使用无序列表实现，而实际工作中更多的工作是对列表的美化。本小节以某网站的纵向导航为例，拆解其结构，分析其实现思路，通过简化后的案例向读者介绍纵向导航的实现方法，最终效果如图 5-19 所示。

图 5-19　纵向导航预览效果

1. 分析

通过仔细观察纵向导航可以发现：导航顶部包含醒目的标题；鼠标悬停在商品分类列表时，文字加粗显示，且无序列表项的背景颜色变浅；每一行包含多个超链接，而且每行前面都有个性化图标。分析后，可以大致给出如下结构。

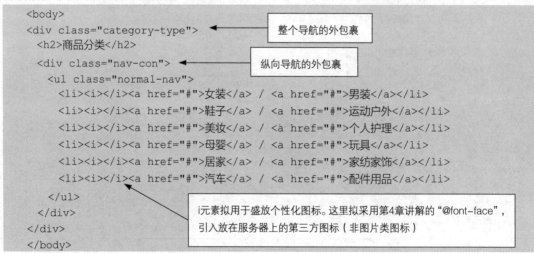

需要特别说明的是，使用"@font-face"引入在线字体或图标的方法是目前 Web 前端处理大批图标显示的首选做法，读者必须掌握。

2. 准备

① 新建站点，创建 HTML5 文档，创建"iconfont"文件夹。将之前分析的结构代码书写到 HTML5 文档中，最后保存当前文档为"index.html"。

② 注册并登录阿里巴巴矢量图标管理网站，进入"图标库"栏目。在其中选择将要使用的多个图标，一并添加到购物车中，单击"下载代码"按钮，如图 5-20 所示，随后即可完成下载。

图 5-20　下载需要使用的第三方图标

③ 将下载后的文件解压缩，打开其中的 "demo_index.html" 文档，如图 5-21 所示，可以看到
阿里巴巴矢量图标管理网站为用户介绍了三种使用图标的方式，这里巩固第 4 章有关 "@font-face"
的知识，选择 Unicode 引用的方式进行讲解。

图 5-21　第三方图标展示

④ 在解压后的文档中，将 "iconfont.css" 和 "iconfont.ttf" 文件复制到 "iconfont" 文件夹中，
对于其他文件本案例无需使用。

⑤ 在 index.html 文档中引入外部包含字体的 "iconfont.css" 文件，代码如下所示。至此，所有
准备工作已经完成。

```
<link href="iconfont/iconfont.css" rel="stylesheet" type="text/css">
```

3. 实现

① 在"index.html"文档的 head 区域创建内部样式并对其进行初始化，主要代码片段如下所示。

```
<style type="text/css">
* {margin: 0; padding: 0;}
body {font-family: "微软雅黑";}
a {text-decoration: none;}              /*初始化超链接没有下划线样式*/
a:hover {text-decoration: none;}        /*初始化超链接没有下划线样式*/
li, ol, ul {list-style: none;}          /*清除列表元素默认样式*/
</style>
```

② 为纵向导航的大包裹及其标题设置 CSS 样式，具体代码如下。保存当前文档，通过浏览器预览的效果如图 5-22 所示。

```
.category-type {
    width: 200px;
    margin: 10px auto;
    color: #fff;
    background-color: #C60A0A;
    line-height: 36px;
}/*设置整个容器的大小、背景颜色和字体颜色*/
.category-type h2 {
    font-size: 20px;
    margin-left: 45px;
    font-weight: 700;
}/*设置标题文字大小和位置*/
```

图 5-22　纵向导航预览效果（1）

③ 针对无序列表的列表项进行设置，主要涉及背景颜色、文字大小、行高、内边距缩进距离等参数，具体代码如下。保存当前文档，通过浏览器预览的效果如图 5-23 所示。

```
.normal-nav {
    background-color: rgba(238,238,238,.95);
    width: 200px;
    height: 200px;
}/*为无序列表设置半透明的背景颜色*/
.normal-nav li {
    height: 32px;
    line-height: 32px;
    color: #000;
```

```
    font-size: 14px;
    padding-left: 5px;
}/*设置列表项文字内容的大小和行高*/
.normal-nav li:hover {
    background: #FAFAFA;
}/*设置鼠标悬停时列表项的背景颜色*/
.normal-nav li a {
    font-size: 16px;
    color: #333;
}/*设置超链接外观样式*/
.normal-nav li a:hover {font-weight: bolder;}/*设置超链接鼠标悬停时的外观*/
```

④ 修改结构代码，将第三方图标加载到页面元素中，具体代码如下。保存当前文档，通过浏览器预览的效果如图 5-24 所示。

```
<ul class="normal-nav">
    <li><i class="iconfont">&#xf5fe;</i>
            <a href="#">女装</a> / <a href="#">男装</a></li>
```

"iconfont" 是自定义图标总的名称

"" 是个性化图标的名称，一个名称对应一个图标。使用哪个图标，在下载的文件中可以查询对应的名称

```
    <li><i class="iconfont">&#xf60c;</i>
        <a href="#">鞋子</a> / <a href="#">运动户外</a></li>
    <li><i class="iconfont">&#xf5f7;</i>
        <a href="#">美妆</a> / <a href="#">个人护理</a></li>
    <li><i class="iconfont">&#xf603;</i>
        <a href="#">母婴</a> / <a href="#">玩具</a></li>
    <li><i class="iconfont">&#xf601;</i>
        <a href="#">居家</a> / <a href="#">家纺家饰</a></li>
    <li><i class="iconfont">&#xf5fd;</i>
        <a href="#">汽车</a> / <a href="#">配件用品</a></li>
</ul>
```

⑤ 添加图标后可以发现，图标的大小和距离都不协调，这里针对 i 元素内的图标进行 CSS 设置，具体内容如下。最终的预览效果如图 5-25 所示。

```
.normal-nav li i {
    margin-left: 10px;
    margin-right: 10px;
    font-size: 22px;
}/*用于控制图标位置和大小*/
```

图 5-23　纵向导航预览效果（2）　图 5-24　纵向导航预览效果（3）

图 5-25　纵向导航最终效果

至此，纵向导航已经制作完成了。通过本案例可以发现，实现纵向导航的结构十分简单，而难点在于对 ul 元素、li 元素、a 元素和 i 元素的美化。希望读者能够重点体会边测试预览边修改 CSS 样式代码的过程，以及案例的整个制作思路，掌握处理问题的方法，切勿拘泥于某个参数的具体设置。

5.3.3　简易横向导航

横向导航与纵向导航有许多相似之处：首先，横向导航也是使用无序列表盛放内容；其次，横向导航的实现也是针对 ul 元素、li 元素、a 元素进行美化。唯一不同的是，实现横向导航需要使用 float 属性，将原本纵向排列的列表项变为横向，这也是实现横向导航最核心的一条 CSS 样式规则。下面以模仿"凤凰网"首页的横向导航为例讲解如何实现横向导航。

微课视频

1. 分析

访问"凤凰网"首页，仔细观察页面顶部的横向导航可以发现：横向导航的背景颜色为红色；导航通栏显示，导航内容居中显示；鼠标悬停在列表项的内容上时，超链接出现底纹变色效果。示意图如图 5-26 所示。

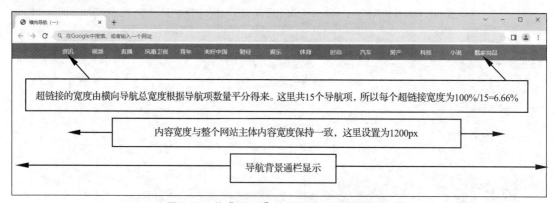

图 5-26　仿"凤凰网"首页的横向导航预览效果

通过分析，整个实现过程可以分为以下几个部分：首先使用 DIV 容器创建框架，再使用无序列表盛放所有的文字内容，再赋予每个列表项 float 属性，从而实现导航的横向排列效果，最后针对外观进行美化。

2. 实现

① 新建站点，创建 HTML5 文档和对应 CSS 文档。根据之前分析的思路创建框架，具体结构代码如下所示。

```
<body>
<div class="navwrap">     ◀── 用于控制全局的外包裹，用于控制通栏背景

  <div class="navigation clearfix ">     ◀── 此容器用于控制导航的内容宽度
   <ul>
    <li><a href="#" target="_blank">资讯</a> </li>
    ……
    <!--由于结构相同，此处省略多个 li 元素的内容，请读者查阅源文件-->
    ……
    <li><a href="#" target="_blank">凰家尚品</a></li>
```

```
    </ul
  </div>
</div>
</body>
```

② 保存当前文档，切换到 CSS 文档，对整个页面进行初始化设置，具体代码如下所示。

```
* {margin: 0; padding: 0;}
ul {list-style: none;}
.clearfix:after {
  content: ".";
  display: block;
  height: 0;
  clear: both;
  visibility: hidden;
}
a {text-decoration: none;} /*初始化超链接没有下划线样式*/
a:hover {text-decoration: none;} /*初始化超链接无下划线样式*/
body {font-size: 14px;font-family: "微软雅黑";}
```

③ 保存当前文档，通过浏览器预览的效果如图 5-27 所示。

图 5-27　横向导航预览效果（1）

④ 为整个容器和其中的列表进行 CSS 设置。首先，为应用 navwrap 类规则的容器设置宽度和背景颜色；其次，为应用 navigation 类规则的容器设置导航的内容宽度、高度和背景颜色；再次，为无序列表项设置宽度，并赋予"float: left;（向左浮动）"属性；最后，为超链接 a 元素设置字体大小和颜色。具体的 CSS 样式代码如下。

```
.navwrap {
  width: 100%;
  background: #f54343;
} /*用于控制全局的外包裹，实现了通栏背景*/
.navigation {
  width: 1200px; /*用于控制导航的主体内容宽度*/
  height: 40px; /*此高度根据设计效果图设定，并非随意设置*/
  background: #f54343;
  margin: 0 auto; /*设置整个容器水平居中放置*/
}
.navigation ul {
  width: 100%;  ◄──  此处的宽度设置为100%，指的是继承父级元素的宽度
}
```

109

```
.navigation ul li {
  float: left;
  width: 6.66%;                    此处的宽度设置为6.6%，即100%/15=6.66%
} /*此处的宽度是根据导航项多少计算出来的，并非随意设置*/
.navigation ul li a {
  display: block;
  color: #FFFFFF;
  width: 100%;                     此处的宽度设置为100%，指的是继承父级元素的宽度
  height: 40px;
  line-height: 40px;
  font-weight: 500;
  font-size: 1.1em;
  text-align: center;
}/*块状化超链接，并设置外观样式*/
.navigation ul li a:hover {
  background: #FF888A;
}/*鼠标悬停时，变换背景色*/
```

⑤ 保存当前文档，通过浏览器预览的效果即为最终效果，如图 5-28 所示。

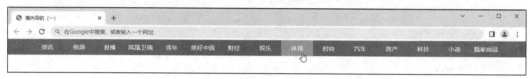

图 5-28　横向导航预览效果（2）

至此，横向导航的实现过程已经讲解完成。本案例中最核心的内容就是让列表项元素 li 进行向左浮动的样式，而后期的美化和装饰都是在列表项横向排列的基础上实现的。

特别需要学习的是，本案例中从实际站点的框架结构出发，分别嵌套并搭建不同的容器，并应用不同的类规则，实现精确控制。在设置宽度的时候，采用百分比值的处理办法，既能对某个容器赋予宽度属性，又能避免使用绝对值宽度带来的不准确性。

5.3.4　复杂横向导航（含 Logo 与二级菜单）

微课视频

前面已经向读者介绍了横向导航最基本的实现方法，而在更多的场景下，站点导航一般还包含 Logo 和二级菜单的内容，这里在前文介绍的知识基础上继续增加难度，最终预览效果如图 5-29 所示。

图 5-29　复杂横向导航最终预览效果

1. 分析

通过仔细观察页面顶部的横向导航可以发现：整个导航分为左右两大部分，左侧用于放置企业

Logo，右侧用于放置整个导航内容；当鼠标悬停在某个菜单上时，出现红色背景；如果当前菜单包含二级菜单，还会显示二级菜单的内容；鼠标悬停在二级菜单上时，还有其他效果的变化。

2. 实现

① 创建 HTML5 文档和对应 CSS 文档。根据之前分析的思路创建框架，具体结构代码如下所示。

```
<body>
<div class="navwrap">          ←  用于控制全局的外包裹，用于控制通栏背景

  <div class="container clearfix">  ←  此容器用于控制导航的内容宽度

    <div class="logo"><a href="#"><img/></a></div>

          此容器用于控制企业的Logo，容器内部嵌入超链接元素和图像元素，宽度为25%

    <div class="menu">    ←   此容器用于控制导航的内容，宽度为75%
      <ul>
        <li><a href="#">首页</a></li>
        <!--这里省略了部分列表项-->
        <li><a href="#">关于我们</a></li>
      </ul>
    </div>
  </div>
</div>
</body>
```

② 保存当前文档，切换到 CSS 文档，对整个页面进行初始化设置和具体代码编写，具体代码如下所示。

```
* {margin: 0; padding: 0;}
ul {list-style: none;}
.clearfix:after {
  content: ".";
  display: block;
  height: 0;
  clear: both;
  visibility: hidden;
}
a {text-decoration: none;} /*初始化超链接没有下划线样式*/
a:hover {text-decoration: none;} /*初始化超链接无下划线样式*/
body {
  font-size: 14px;
  font-family: "微软雅黑";
}
.container {
  width: 1200px; /*用于控制导航的主体内容宽度*/
  height: 54px;
  margin: 0 auto; /*设置整个容器水平居中放置*/
}
.logo {width: 25%;float: left;}    ←   设置Logo宽度占总宽度的25%
.logo a {
  width: 100%;
  display: block;
```

111

```
  height: 54px;
  line-height: 54px;
}
.logo a img { vertical-align: middle;}  /*图像垂直居中*/
.menu {float: right;width: 75%;}
.menu ul {width: 100%;}
.menu ul li {
  width: 12.5%;
  height: 54px;
  float: left;
  position: relative;
}
.menu ul li a {
  display: block;
  color: #ff3c00;
  height: 40px;
  line-height: 40px;
  font-weight: 600;
  font-size: 1.1em;
  text-align: center;
  margin: 6px 4px;
}
.menu ul li a:hover {
  background: #ff3c00;
  color: #FFFFFF;
}
```

设置导航宽度占总宽度的75%

无序列表宽度设置为100%，即继承父级元素宽度

无序列表项的宽度根据内容多少进行设置，由于本案例中导航有8个菜单，所以每个无序列表项宽度为100%/8=12.5%

此处赋予无序列表项相对定位的属性，其目的是为后面二级菜单容器进行绝对定位进行准备

对超链接外观进行详细设置

设置鼠标悬停在某个菜单上的效果

③ 保存当前文档，通过浏览器预览的效果如图 5-30 所示。

图 5-30　复杂横向导航预览效果（1）

3. 二级菜单的实现

实现二级菜单的整体思路如下。

（1）创建一个无序列表，并将其放在某一个列表项当中，这样就形成了相互嵌套的层次结构。

（2）设置二级菜单相对于父级容器进行绝对定位，并单独为二级菜单设置样式外观，使之符合站点整体设计。在此环节中，将二级菜单的 display 属性设置为 block，目的是方便进行预览。

（3）将二级菜单的 display 属性改为 none，目的是隐藏二级菜单。

（4）使用伪类:hover 设置鼠标悬停时的效果，将二级菜单的 display 属性设置为 block，其含义是，当鼠标悬停在列表项上时，触发伪类显示二级菜单的内容。

① 通过上述思路的整理，这里创建一个无序列表，嵌套在某个列表项当中，具体结构代码如下所示。

```
<div class="menu">
    <ul>
        <li><a href="#">首页</a></li>
        <li><a href="#">新闻资讯</a></li>
```

```
      <li><a href="#">产品专区</a>
        <ul>
          <li><a href="#">iOS APP 开发</a></li>
          <li><a href="#">Android APP 开发</a></li>
          <li><a href="#">供应链平台开发</a></li>
        </ul>
      </li>
      <!—这里省略了部分列表项-->
      <li><a href="#" >关于我们</a></li>
    </ul>
  </div>
```

二级菜单的内容结构，嵌入在列表项之中

② 切换到 CSS 文档，对二级菜单的内容进行样式编辑，具体代码如下所示。

```
.menu > ul > li > ul {
  width: 166px;
  position: absolute; /*绝对定位，使得二级菜单放置在合适的位置*/
  left: 4px;
  top: 46px;
  background-color: rgba(42, 42, 42, 0.7); /*设置半透明背景颜色*/
  display: none; /*此属性使得二级菜单处于隐藏状态，可最后再设置此属性*/
}/*设置二级菜单整体外观*/
.menu > ul > li > ul > li {
  clear: both;
  height: 40px;
 }/*设置二级菜单中列表项属性*/
.menu > ul > li:hover ul {
  display: block;
}/*鼠标悬停在列表项时，使得二级菜单整体显现出来*/
.menu > ul > li > ul > li > a {
  display: block;
  width: 150px;
  line-height: 40px;
  text-align: left;
  font-size: 16px;
  padding-left: 10px;
  margin: 0 0; /*为避免样式继承带来的问题，此处再次清除外边距*/
  color: #FFFFFF;
}/*块状化二级菜单中超链接，个性化设置二级菜单的外观*/
.menu > ul > li > ul > li > a:hover {
  border-left: 6px solid #353535;
}/*美化二级菜单中外观样式*/
```

使用子元素选择器控制容器对象

③ 保存当前文档，通过浏览器预览的效果如图 5-31 和图 5-32 所示。

图 5-31 复杂横向导航预览效果（2）

图 5-32 复杂横向导航预览效果（3）

113

至此，包含企业 Logo 和二级菜单的复杂横向导航制作完成。通过本案例可以发现，二级菜单的实现用到了子元素选择器、绝对定位和伪类等多种知识，这里希望读者能够着重体会二级菜单的实现过程。

5.4 图文信息列表

图文信息列表指的是使用列表元素作为图像和文字的容器，通过设置浮动、相对定位、绝对定位，以及处理超链接，使之呈现出需要的外观。此类排版在工作和生活中出现的频率非常高。虽然图文信息列表的外观不尽相同，但本质都一样。例如，天猫、淘宝网和京东等诸多门户网站，其中用于显示产品的列表都是图文信息列表，如图 5-33 所示。

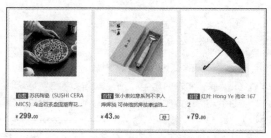

图 5-33　常见的图文信息列表

为了让读者更好地理解图文信息列表实现的过程，本节以"京东超市"的图文信息列表为例，简化其内部结构，重点向读者介绍实现思路，进一步提升相对定位和绝对定位的实战应用技能。

1. 分析

访问"京东超市"首页，挑选包含图文信息列表的板块，如图 5-34 所示。仔细观察页面效果，根据经验可以大致构思出整体框架结构，粗略的板块布局示意图如图 5-35 所示。

为了美观，左上角有橙色三角形装饰　　body 的背景颜色是灰色，列表的背景颜色是白色，有区分度　　鼠标悬停在图片区域时，图片有向上移动的动画效果　　此处仅是图片超链接，用于整个布局的装饰

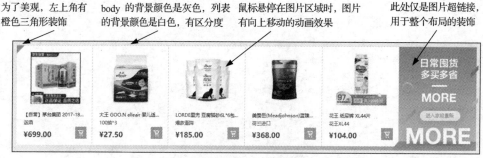

图 5-34　包含图文信息列表的板块

使用 CSS 编写的三角形，通过绝对定位和伪类放置在此处　　　　　　使用背景图像属性载入的装饰线条，通过绝对定位和伪类放置在此处

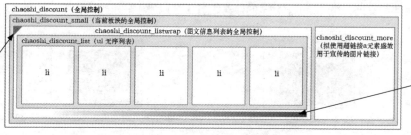

图 5-35　粗略的版面布局示意图

对于初学者来讲，根据页面效果构思网页框架的经验需要长时间积累，这与学习他人作品、独立完成各类案例的数量有直接关系，希望读者循序渐进。此处可以跟随笔者的思路进行后续制作。

2. 准备

① 新建站点，创建"images"和"style"文件夹，用于存放图片和 CSS 文件。

② 创建名为"index.html"的 HTML5 文档，根据之前的初步规划由外至内地搭建网页主体框架，具体代码如下所示。至于更为细节的布局，将在后续内容中边制作边分析。

```html
<body>
<div class="chaoshi_discount">
  <div class="chaoshi_discount_small ">
    <div class="chaoshi_discount_listwrap">
      <ul class="chaoshi_discount_list">
        <li></li>
        <li></li>
        <li></li>
        <li></li>
        <li></li>
      </ul>
    </div>
  </div>
</div>
</body>
```

所有容器的命名都有一定的语义，并且都使用"类"进行命名，以方便调用和编写

③ 创建名为"mystyle.css"的 CSS 文件，将其通过外部样式的方法链接到"index.html"页面上。在 CSS 文件内，对所涉及的元素进行初始化设置，具体代码如下。

```css
* {margin: 0;padding: 0;}
a:hover {cursor: pointer;} /*初始化超链接状态,鼠标悬停时出现手型图标*/
ul {list-style: none;} /*无序列表初始化*/
.clearfix:after {
        display: block;
        content: ".";
        height: 0;
        clear: both;
        overflow: hidden;
        visibility: hidden;
}
.clearfix {*zoom: 1}
body {
  font: 12px/1.5 Arial, Helvetica, sans-serif;
  background-color: #F4F4F4;
} /*对全局文字大小、类型和背景颜色进行设置*/
```

3. 主体框架的实现

根据前文对整个版面布局的分析，以及网页主体框架的搭建，按照自外向内，从全局到局部的原则，逐步细化和调整 CSS 样式，使之符合设计效果。切换到"mystyle.css"文件，在其中针对网页主体框架容器编写对应的 CSS 样式规则，具体代码如下。

```css
.chaoshi_discount {min-height: 280px;
width: 1190px;
margin: 20px auto;} /*设置容器全局控制,确定整体宽度,并且水平居中放置*/
.chaoshi_discount_small {
```

```
    position: relative;
    border-top: 1px solid #e6e6e6;
} /*设置容器为相对定位，为后期其他容器进行绝对定位标明参照物*/
.chaoshi_discount_listwrap {
    position: relative;
    float: left;
    width: 990px;
    height: 250px;
    overflow: visible;
} /*图文信息列表的全局控制*/
.chaoshi_discount_listwrap:before {
    content: "";
    position: absolute;
    z-index: 2; /*设置层叠属性值，使其处在当前容器的上一层*/
    left: 0;
    top: 0;
    width: 0;
    height: 0;
    border-top: 20px solid #fe952d;
    border-right: 20px solid transparent; /*transparent 属性表示背景透明*/
} /*使用边框属性绘制左上角三角形，并使用绝对定位放置在指定位置*/
.chaoshi_discount_listwrap:after {
    content: "";
    position: absolute;
    bottom: -10px;
    left: 0;
    width: 990px;
    height: 10px;
    background: url("../images/discount_line.png") 0 no-repeat;
} /*使用伪类和绝对定位的方式，在容器后面增加横向渐变的色条*/
.chaoshi_discount_list {
    width: 100%;
    height: 100%;
    background-color: #FFFFFF;
} /*对单个无序列表进行设置，由于要凸显与 body 背景的区别，这里设置无序列表背景色*/
```

> 使用伪类，在容器前面放置一个"空"容器，该容器又使用绝对定位的方式被置于左上角的位置

> 该内容为"空"的容器，利用边框的border属性绘制了一个直角三角形

> 由于伪类:after本身就是用于在某个容器后面增加某种属性，在容器后面载入背景图像后，图像位于容器的后面，为了美观效果，需要将其"提升"至容器内部，所以此处距底部-10px。此外，10px的高度也与图像自身10px的高度一致，许多参数设置都是相互关联的

保存当前文档，在浏览器中的预览效果如图 5-36 所示。

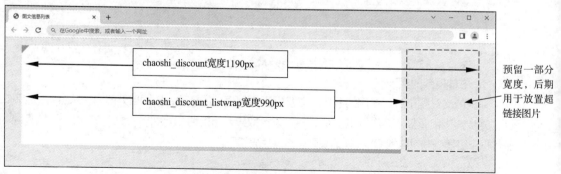

chaoshi_discount宽度1190px

chaoshi_discount_listwrap宽度990px

预留一部分宽度，后期用于放置超链接图片

图 5-36　主体框架预览效果

4. 列表区域的实现

列表区域是图文信息列表的核心内容，在此区域中浏览者能够醒目地查看到对应的商品，一般包括产品展示图片、产品名字、宣传用语、价格、购物车按钮等内容要素。为了更加清晰地分析各要素之间的关系，这里详细地对列表区域进行分析，示意图如图 5-37 所示。

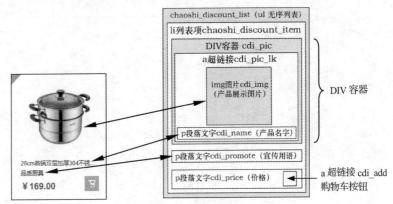

图 5-37　列表区域分析示意图

通过分析发现以下要点。

（1）在 li 列表项中使用 div 标签和 p 段落标签来细分内部区域，这是因为 div 元素和 p 元素均为块级元素，天然附带块级元素属性。

（2）DIV 容器内部又包含超链接 a 元素、img 元素和 p 段落元素，此处这样处理是为了实现当鼠标悬停在 DIV 容器时即可触发超链接中图像上移和产品名字变色的动画效果。

（3）在价格区域，使用 p 段落元素占据一行的内容，是因为考虑到某些价格位数过多的情况下，预留部分位置。

（4）购物车按钮区域，使用超链接 a 元素实现矩形按钮外观，并借助绝对定位属性放置在适合位置。购物车图标则使用 i 元素以载入图像的形式放置其中。

本案例中每个容器均有对应的类规则，看似层层包裹，但这种处理的好处是，可以对每个容器进行精确的控制。

根据上述分析进一步丰富页面结构，具体代码如下所示。

```html
<ul class="chaoshi_discount_list ">
    <li class="chaoshi_discount_item">
      <div class="cdi_pic">
        <a class="cdi_pic_lk">
           <img class="cdi_img" src="images/01.jpg" alt="" >
        <p class="cdi_name">此处省略文字内容…</p>
        </a></div>
      <p class="cdi_promote">品质厨具</p>
      <p class="cdi_price clearfix">
          <span class="cdi_price_new">￥169.00</span></p>
      <a class="cdi_add"><i class="cdi_add_icon"></i></a> </li>
    </ul>
```

切换到"mystyle.css"文件，在其中针对框架容器编写对应的 CSS 样式规则。这里仅对比较重要的 CSS 样式规则加以讲解，由于篇幅原因，更多的 CSS 样式规则不在此处展示，请读者查看源代码及相关注释。

```
.chaoshi_discount_item {
  position: relative;
  float: left;
  width: 164px;
  height: 100%;
  padding: 0 14px 0 19px;
  border-right: 1px solid #e6e6e6
} /*对无序列表中的列表项进行外观设置，并赋予相对定位属性*/
.chaoshi_discount_item .cdi_img {
  width: 130px;
  height: 130px;
  margin: 17px 0;
  transition: -webkit-transform .4s ease
} /*设置无序列表内部图片大小与位置，并设置图片过渡动画的效果*/
.chaoshi_discount_item .cdi_pic_lk:hover .cdi_img {
  -webkit-transform: translateY(-5px);
  -moz-transform: translateY(-5px);
  -ms-transform: translateY(-5px);
  transform: translateY(-5px)
} /*设置鼠标进入容器范围时，图片沿 y 轴移动的动画效果*/
.chaoshi_discount_small .cdi_add {
  position: absolute;
  right: 14px; bottom: 16px;
  width: 30px; height: 30px;
  line-height: 30px; text-align: center;
  background: #ffa133;
} /*设置加入购物车橙色矩形方块外观样式*/
.cdi_add_icon {
  display: inline-block;
  vertical-align: middle; /*垂直对齐图像*/
  width: 15px; height: 15px;
  background: url("../images/gouwuche.png") no-repeat center;
} /*载入购物车图标*/
```

> 此处li列表项的宽度并非只有164px，而是需要将内边距和边框的宽度计算在内。单个li列表项宽度为：164px+14px+19px+1px=198px，总共拟创建5个列表项，所以整个无序列表宽度为5×198px=990px，这与应用在父级容器的宽度相一致

> 使用绝对定位，参照其父级容器，为超链接赋予宽高属性，用于盛放购物车图标

保存当前文档，通过浏览器预览的效果如图 5-38 所示。

图 5-38　列表区域预览效果

对于其他 li 列表项中的内容，只需要复制刚才调试成功的代码即可。

5. 宣传图片链接区域的实现

此部分区域的实现拟采用相对定位的方式将预先设计好的图片放置在适合的位置。根据前文的分

析，现将页面结构搭建完成，具体代码如下所示。

```html
<body>
<div class="chaoshi_discount">
  <div class="chaoshi_discount_small ">
    <div class="chaoshi_discount_listwrap">这里是前文讲解的无序列表内容</div>
      <a class="chaoshi_discount_more">这里插入图像</a>
  </div>
</div>
</body>
```

切换到"mystyle.css"，在其中针对框架容器编写对应的 CSS 样式规则，其中有关容器宽度和位置的偏移值示意图，如图 5-39 所示。

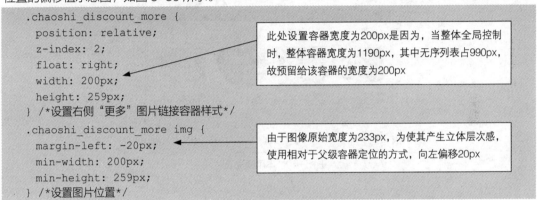

至此，图文信息列表的主要实现过程已经讲解完成，更多代码内容请查阅源代码。请读者从本案例中着重体会伪类、清除浮动、无序列表、相对定位、绝对定位，以及页面分析思路的处理方法。

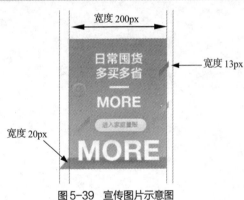

图 5-39　宣传图片示意图

5.5　课堂动手实践

【思考】

1. 浮动的定义是什么？
2. 清除浮动有哪几种方法？简述每种方法的实现思路。
3. CSS 中有关定位的属性包括哪些？
4. 举例说明固定定位的应用场景有哪些。

5. 如果要让 Y 容器相对于其父级容器 X 进行绝对定位，那么 X 容器自身需要设置成什么定位？Y 容器自身需要设置成什么定位？

6. 列表有几种类型？简述在网页中有哪些应用。

7. 纵向导航转变为横向导航，其本质是什么？

【动手】

使用本章知识制作图 5-40 所示的页面，要求在制作过程中认真体会图文信息列表的制作方法。

图 5-40　本题预览效果

【本章导读】

　　HTML 表单（form）是 HTML 的一个重要部分，主要用于采集和提交用户输入的信息，它是 Web 前端开发过程中实现人机交互必不可少的元素；表格（table）元素主要用于显示多列数据，不再承担版面布局的任务，该元素除了在特殊应用场景下使用，如金融、统计等需要显示多种数据时使用，其他应用场景越来越少。本章将向读者介绍表单和表格的基本知识，并从实际应用出发，介绍 CSS 样式中与其相关的属性和常见的美化效果。

【学习目标】

- 了解表单的基本知识；
- 掌握常用表单的使用方法；
- 掌握 CSS 控制表单外观的处理思路；
- 了解表格的基本知识；
- 掌握细线表格、隔行换色表格的实现方法。

【素质目标】

- 培养学生坚持问题导向，科学分析问题、深入研究问题的能力；
- 增强问题意识，既要见思想，更要见行动，从而指导自己的学习和工作。

【思维导图】

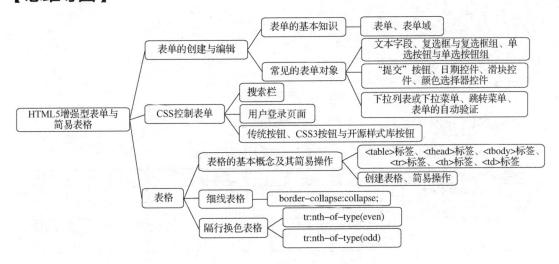

6.1 表单的创建与编辑

6.1.1 表单的基本知识

微课视频

1. 什么是表单

表单的应用范围非常广泛，不仅用于收集信息和反馈意见，还用于资料检索、网上购物等多种交互式场景，图6-1所示就是典型的表单应用。

在 HTML 中，使用<form>标签创建表单，使用<input>标签搜集用户信息，其中根据<input>标签中 type 属性值的不同可以延伸出许多类型，例如<input type="button">（普通按钮）、<input type="checkbox">（复选框）、<input type="text">（单行文本框）、<input type="password">（密码输入框）、<input type="submit">（"提交"按钮）、<input type="email">（电子邮件输入域）、<input type="tel">（电话号码输入域）、<input type="range">（滑块）和<input type="date">（日期选择域）等。而浏览器能够基于这些增强型表单为用户渲染出效果良好的控件，且这个过程不需要编写任何 JavaScript 代码。

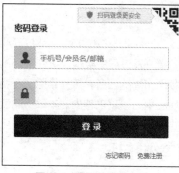

图6-1 典型的表单应用

2. 什么是表单域

表单对象包含在表单域中，表单域定义了一个表单的开始和结束。在 HTML4 中，所有表单对象都要放在表单域中才会生效，而在 HTML5 中，开发人员可以把它们书写在任何地方，只需为表单域指定 form 属性，其值与该表单的 ID 属性值相对应即可。在 Dreamweaver 环境下创建表单域的方法如下。

① 启动 Dreamweaver，创建 HTML5 文档，将光标定位在希望表单出现的位置。在"插入"面板中选择"表单"类别，然后单击其中的"表单"按钮，即可快速创建表单。

② 此时创建的表单在代码视图中仅为一对<form>标签，若要进一步使用表单，还需要对表单属性进行设置。打开"属性"检查器，根据需要设置相关属性，如图6-2所示。

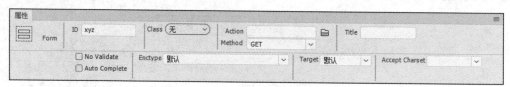

图6-2 表单的属性设置

表单对应的"属性"检查器中的主要参数名称及功能如表6-1所示。

表6-1 表单的主要参数名称及功能

参数	名称	功能解释
ID	表单标识名称	表单的名称，该名称可以使用脚本语言引用或控制该表单
Class	表单类名称	表单的类名称
Action	动作	该属性用于定义将表单数据发送到哪个地方，其值采用 URL 的方式处理表单数据的页面或脚本

续表

参数	名称	功能解释
Method	方法	默认值：浏览器一般默认方法为 GET
		GET：把表单值添加给 URL，并向服务器发送 GET 请求。因为 URL 被限定在 8192 个字符内，所以内容过多的表单不要使用 GET 方法
		POST：在消息正文中发送表单值，并向服务器发送 POST 请求
Enctype	编码类型	设置发送表单到服务器的媒体类型，它只在发送方法为 POST 时才有效，其默认值为 application/x-www-form-urlencode；如果创建的是文件上传域，则应该选择 multipart/form-data
Target	目标	_blank：在新窗口中打开目标文档
		_parent：在显示当前文档窗口的父窗口中打开目标文档
		_self：在当前窗口中打开目标文档
		_top：在当前窗口的窗体内打开目标文档
Accept Charset	字符编码	规定表单提交时使用的字符编码

③ 设置完表单的属性，表单域就创建完成了，但此时表单中并没有表单对象，开发人员可以根据需要进行添加。

6.1.2　常见的表单对象

表单域定义完成后，就可以为表单添加各种表单对象了。首先将光标定位在表单域内要插入表单对象的地方，然后在"插入"面板的"表单"类别中选择要插入的表单对象即可。

需要提前说明的是，<input>标签用于定义表单对象，根据 type 属性的不同值，输入字段拥有很多种形式。在 HTML5 中，input 元素的种类有了大幅度改良，通过这些元素可以实现之前那些需要使用 JavaScript 才能实现的功能。

对于每个元素来说，只有 type 和 name 属性是必需的，<input>标签中的 type 属性用来选择控件类型，name 属性用来为字段命名。下面分别介绍常见表单对象的使用方法及其属性设置。

1．文本字段（type="text"）

文本字段是一种让访问者自己输入内容的表单对象，通常用来填写用户名及简单的回答。

微课视频

【demo6-1】文本字段

① 创建表单，并对其进行基本设置。在"插入"面板的"表单"类别中单击"文本"按钮，即可插入文本字段表单对象，如图 6-3 所示。

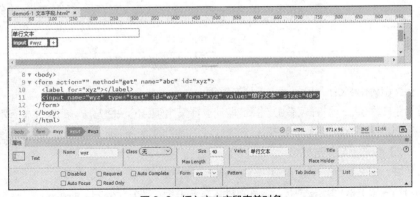

图 6-3　插入文本字段表单对象

123

"文本"属性面板中的常见参数及功能详见表 6-2。

表 6-2　"文本"属性面板中的常见参数及功能

参数	功能解释
Name	该参数的值是后期程序处理数据的依据
Size	用于设置文本域中最多可显示的字符数
Max Length	用于设置在单行文本域中最多可输入的字符数
Value	用于设置在首次加载表单时域中显示的值
Class	用于设置当前对象应用何种 CSS 样式规则
Read Only	用于设置文字字段是否具有可编辑性
Disabled	禁用当前文本字段
Tab Index	指定 Tab 键切换的顺序

② 文本域中除了能够输入单行的文本，还能通过插入多行文本域来实现文本内容的滚动效果。在"插入"面板的"表单"类别中单击"文本区域"按钮，即可插入区域型文本表单对象，如图 6-4 所示。

与单行文本字段不同的是，多行文本字段的属性面板中 cols 属性指的是文本框的字符宽度，rows 属性指的是文本框可以显示的文本行数。

③ 此外，在"插入"面板的"表单"类别中单击"密码"按钮，即可快速插入密码输入框。其属性设置与单行文本字段相同。预览后，单行文本、多行文本与密码类型的文本效果如图 6-5 所示。

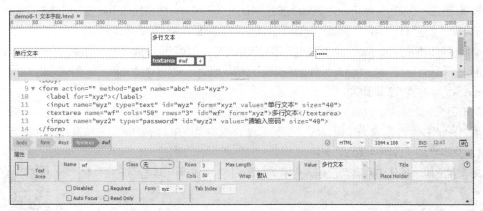

图 6-4　插入区域型文本表单对象

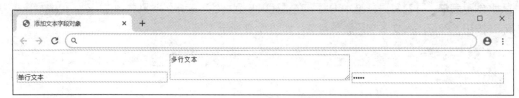

图 6-5　各类文本字段预览效果

2. 复选框（type="checkbox"）与复选框组

复选框为用户提供了一种在表单中选择或取消选择某个条目的快捷方法。复选框可以集中在一起产生一组选项，用户可以选择或取消其中的每个选项。

【demo6-2】复选框与复选框组

创建表单域，将光标定位在表单域中。在"插入"面板的"表单"类别中单击☑按钮，即可插入复选框；单击▦按钮，即可插入复选框组。部分代码如下所示。

微课视频

124

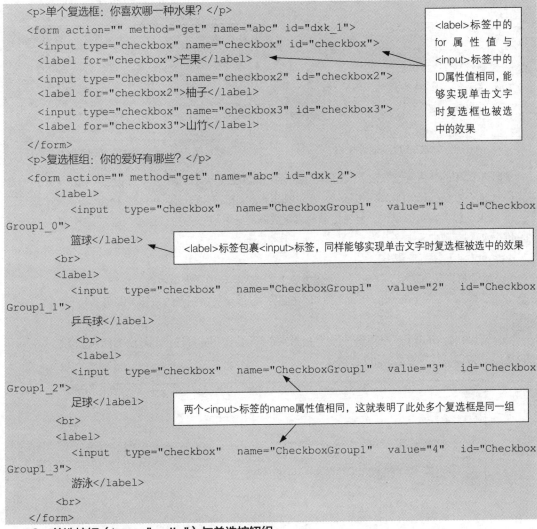

```
<p>单个复选框: 你喜欢哪一种水果? </p>
<form action="" method="get" name="abc" id="dxk_1">
  <input type="checkbox" name="checkbox" id="checkbox">
  <label for="checkbox">芒果</label>

  <input type="checkbox" name="checkbox2" id="checkbox2">
  <label for="checkbox2">柚子</label>

  <input type="checkbox" name="checkbox3" id="checkbox3">
  <label for="checkbox3">山竹</label>

</form>
<p>复选框组: 你的爱好有哪些? </p>
<form action="" method="get" name="abc" id="dxk_2">
    <label>
      <input  type="checkbox"  name="CheckboxGroup1"  value="1"  id="Checkbox
Group1_0">
      篮球</label>
      <br>
    <label>
      <input  type="checkbox"  name="CheckboxGroup1"  value="2"  id="Checkbox
Group1_1">
      乒乓球</label>
      <br>
     <label>
      <input  type="checkbox"  name="CheckboxGroup1"  value="3"  id="Checkbox
Group1_2">
      足球</label>
      <br>
    <label>
      <input  type="checkbox"  name="CheckboxGroup1"  value="4"  id="Checkbox
Group1_3">
      游泳</label>
      <br>
</form>
```

<label>标签中的 for 属性值与 <input>标签中的 ID属性值相同, 能够实现单击文字时复选框也被选中的效果

<label>标签包裹<input>标签, 同样能够实现单击文字时复选框被选中的效果

两个<input>标签的name属性值相同, 这就表明了此处多个复选框是同一组

3. 单选按钮（type="radio"）与单选按钮组

单选按钮与复选框的行为非常相似, 唯一不同的是, 使用单选按钮时, 浏览者在待选项中只能选择一个。

【demo6-3】单选按钮与单选按钮组

① 新建 HTML5 文档, 并在其中创建表单域, 将光标定位在表单中。

② 在"插入"面板的"表单"类别中单击◉按钮, 打开"单选按钮"对话框; 单击▤按钮, 打开"单选按钮组"对话框, 如图 6-6 所示。

③ 在"名称"文本框中输入单选按钮组的名称。单击"+"按钮即可向该组添加一个单选按钮, 单击向上或向下的三角按钮对这些单选按钮重新进行排序。根据需要选择使用"换行符"或"表格"来设置之前创建的单选按钮组的布局。设置完成后, 单击"确定"按钮, 即可添加一个单选按钮组, 预览效果如图 6-7 所示。

4. "提交"按钮（type="submit"）

表单中 input 元素的 type 属性可以用于定义"提交"按钮（submit）, 并且允许一个表单中包含多个"提交"按钮。"提交"按钮的作用就是把表单数据发送到服务器。

微课视频

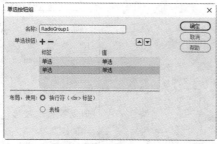

图 6-6　"单选按钮组"对话框

图 6-7　没有美化的单选按钮组

对于最简单的"提交"按钮（按钮不包含 name 属性或 value 属性），浏览器将显示一个长方形按钮，上面有默认标记 submit（提交）。其他情况下，浏览器会在 value 属性中通过设置文本来标记按钮。如果还包含 name 属性，当浏览器将表单数据发送给服务器时，会将"提交"按钮的 value 属性的值添加到参数列表中。

【demo6-4】"提交"按钮

① 新建 HTML5 文档，并在其中创建表单域，将光标定位在表单中。

② 在"插入"面板的"表单"类别中单击名为"'提交'按钮"的按钮，即可插入一个"提交"按钮。

③ 选择刚插入的按钮，在其属性面板中根据需要设置按钮的属性，如图 6-8 所示。修改"Value"的内容，可以改变按钮上面显示的文本。

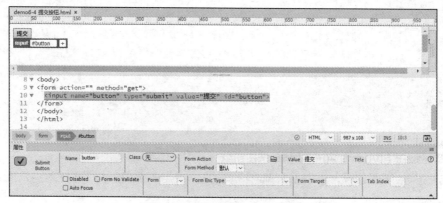

图 6-8　添加"提交"按钮表单对象

除了"提交"按钮，还有"重置"按钮和普通按钮，这些按钮在标签内部只是 type 属性的值不同。

（1）<input type="submit">："提交"按钮，单击按钮后，表单数据将被提交到指定页面或脚本。

（2）<input type="reset">："重置"按钮，单击按钮后，将清除表单中的数据。

（3）<input type="button">：普通按钮，单击按钮后无任何动作。

5. 日期控件（type="date"）

日期控件可以帮助用户快速输入各类日期。

【demo6-5】日期控件

使用方法如下。

```
<input name="date" type="date" value="2021-05-17">
```

这里可以通过 value 属性设置日期控件的默认起始日期，效果如图 6-9 所示。

6. 滑块控件（type="range"）

滑块控件可以方便用户快速且直观地增减数值。

【demo6-6】滑块控件

使用方法如下。

```
<input name="range" type="range" min="5" max="30" value="5">
```

min="5"是最小值，max="30"是最大值，value="5"是初始值，效果如图6-10所示。

7. 颜色选择器控件（type="color"）

颜色选择器可以帮助用户选择某种颜色。

【demo6-7】颜色选择器控件

使用方法如下。

```
<input name="color" type="color">
```

预览后，当用户单击该控件时，会弹出颜色选择器，效果如图6-11所示。

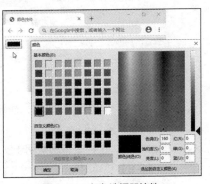

图6-9　日期控件　　　　图6-10　滑块控件　　　　图6-11　颜色选择器控件

8. 下拉列表或下拉菜单（<select>标签）

下拉列表或下拉菜单能够显示多个选项，在 HTML 中可以使用<select>标签创建下拉列表或下拉菜单，使用<option>标签定义表单控件中的每个条目。

<select>标签与其他标签一样，必须存在 name 属性。当提交表单时，浏览器会提交选定的项目，或者收集用逗号分隔的多个选项，将其合成一个单独的参数列表。

微课视频

【demo6-8】下拉列表或下拉菜单

① 新建 HTML5 文档，并在其中创建表单域，将光标定位在表单中。

② 在"插入"面板的"表单"类别中单击"选择（列表/菜单）"按钮，即可在表单域中插入一个菜单选项。

③ 选择刚才创建的表单对象，在其属性面板中选择"菜单"类型或"列表"类型。若选择"菜单"类型，表单在浏览器中将只有一个选项可见；若选择"列表"类型，表单在浏览器中将显示一组可选项。这里以"菜单"类型为例进行讲解。

④ 将该表单对象设置为"菜单"类型，单击"列表值"按钮，这时打开"列表值"对话框，如图6-12所示。在该对话框中，单击"+"按钮可以增加一个项目标签，单击"-"按钮则可以删除一个项目标签。根据需要为每个菜单项设置相应的值。

⑤ 单击"确定"按钮，返回软件主界面。通过浏览器预览的效果如图6-13所示。

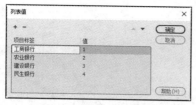

图6-12 "列表值"对话框

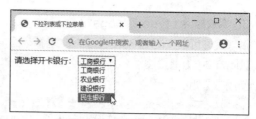

图6-13 下拉菜单预览效果

⑥ 选择该表单对象，在其属性面板中勾选"Multiple"属性复选框，则该表单对象具有接受多个值的状态，通过浏览器预览的效果如图6-14所示。

图6-14 具有接受多个值的下拉菜单的预览效果

9. 跳转菜单

跳转菜单与之前讲解的下拉列表和下拉菜单都属于同类表单对象，都是使用<select>标签和<option>标签来搭建的，不同的是，跳转菜单在使用 Dreamweaver 创建时软件会自动添加JavaScript代码，这种表单通常用于实现导航效果。

【demo6-9】跳转菜单

① 新建HTML5文档，并在其中创建表单域，将光标定位在表单中。

② 在"插入"面板的"表单"类别中单击"选择"按钮，在该表单对象的"属性"面板中，单击"列表值"按钮，打开"列表值"对话框。

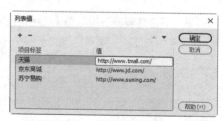

图6-15 "列表值"对话框

③ 根据需要添加跳转菜单的内容。单击"+"按钮增加一个菜单项，在"项目标签"区域输入跳转菜单项的名称，在"值"区域输入跳转的路径，如图6-15所示。其他选项读者可根据需要自行设置。最后，单击"确定"按钮，即可完成跳转菜单的插入。

10. 表单的自动验证

在HTML5中，通过对元素使用属性的方法，可以实现表单提交时自动验证的功能。该功能能够帮助用户实现简单的验证，这里主要向读者介绍有关验证的 required 属性和 pattern 属性。

（1）required 属性适用于大多数元素（隐藏元素、图片元素除外）。在提交时，如果该元素内容为空，则不允许提交。

（2）pattern 属性适用于以下<input>类型：text、search、url、telephone、email 和 password。该属性规定了用于验证输入字段的标准，开发人员可以通过正则表达式完成对标准的创建。

【demo6-10】表单的自动验证

① 新建HTML5文档，在其中创建两个表单域，并在其中插入两组文本域和"提交"按钮。

② 插入完成后，分别为 input 元素添加 required 属性和 pattern 属性，具体的代码如下所示。

```
<form action="" method="get" id="a">
  <p> 要求此文本框为必填:
    <input name="a" type="text" required  form="a">
    <input name="b"  type="submit" form="a" value="提交">
  </p>
</form>
<form action="" method="get" id="b">
  <p>要求输入 3 个字母:
<input name="b" type="text" form="b" placeholder="请在此输入 3 个字母" pattern=
"[A-z]{3}">
    <input name="b" type="submit" form="b" value="提交">
  </p>
</form>
```

③ 保存当前文档,在浏览器中预览时,在违反预设条件的前提下分别单击"提交"按钮,此时
预设的 required 属性和 pattern 属性会自动判断文本域中的值是否符合要求,并显示警告文字,如
图 6-16 和图 6-17 所示。

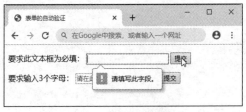

图 6-16　无输入内容时提交

图 6-17　输入格式错误时提交

6.2　CSS 控制表单

之前所讲解的表单知识均是一些基础性必备内容,在掌握表单所涉及的多种标签以后,下面就需
要使用 CSS 样式对表单进行有效控制,使之呈现出符合用户需求的多样外观。那么,在工作中,各
类表单又是如何被 CSS 控制和美化的呢? 下面结合日常用户体验,向读者介绍 CSS 控制表单的基本
思路和基本方法。

6.2.1　搜索栏

搜索栏是使用频率非常高的表单控件,虽然外观多样,但其中肯定包含文本框和按钮两个表单控
件。对搜索栏的美化,主要是对文本框和按钮的控制和美化,以及对附属容器的控制,图 6-18 所示
为即将要完成的搜索栏预览效果。

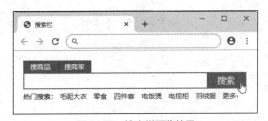

图 6-18　搜索栏预览效果

【demo6-11】搜索栏

① 通过仔细观察预览效果可以看出，整个搜索栏功能区包括顶部的 tab 分类标签页、中部的搜索框及底部的热门搜索区，布局示意图如图 6-19 所示。

② 使用 Dreamweaver 创建 HTML5 文档，并在文档中根据布局示意图的层级关系创建出各种容器。在此环节中，读者不需要一次性将所有层级结构创建完成，可以边创建结构边编写 CSS 样式代码，通过预览效果的反馈，进一步修改结构或 CSS 样式。这里仅是为了讲解方便，给出全部结构代码，具体内容如下所示。

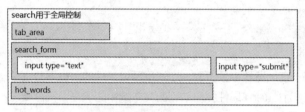

图 6-19　搜索栏布局示意图

```html
<div class="search">
  <div class="tab_area">
    <div class="tab"><a href="#">搜商品</a></div>
    <div class="tab"><a href="#">搜商家</a></div>
  </div>
  <div class="search_form">
    <input type="text" name="keywords" id="search_keywords"/>
    <input type="submit" name="search_btn" id="search_btn" value="搜索"/>
  </div>
  <div class="hot_words"> 热门搜索： <a href="#">毛呢大衣</a> <a href="#">零食</a> <a
href="#">四件套</a> <a href="#">电饭煲</a> <a href="#">电视柜</a> <a href="#">羽绒服</a>
<a href="#" class="more">更多></a></div>
</div>
```

③ 在页面 head 区域创建内部样式。先编写全局 CSS 样式，再具体编写某个容器的样式，具体内容如下所示。

```css
<style>
* {margin: 0;padding: 0;}
body {font-size: 14px;font-family: "微软雅黑";}
a {text-decoration: none;}
.search {
     width: 460px;
     height: 100px;
     padding: 20px 0px 0px 20px;
}/*设置整个搜索框的大小*/
.tab_area {height: 25px;width: 140px;}/*设置顶部 tab 分类标签页的大小*/
.tab {
     height: 25px;
     line-height: 25px;
     width: 70px;
     float: left;
     text-align: center;
     background: #09F;
```

```
}/*设置顶部 tab 分类标签页中每个标签的外观*/
.tab a {color: #FFF;}
.tab a:hover {font-weight: 700;}
.search_form {
    border: 2px solid #09F;
    height: 30px;
    overflow: hidden;
}
.hot_words {
    height: 20px;
    width: 460px;
    margin: 5px 0px 5px 0px;
    overflow: hidden;
}/*设置热门搜索区的大小*/
.hot_words a {padding-right: 10px;color: #333;}
.hot_words a:hover {color: red;text-decoration: underline;}
.search_form input[type=text] {
    height: 20px;
    line-height: 20px;
    width: 366px;
    color: #999;
    border: none;
    margin: 0;
    padding: 5px;
}/*使用属性选择器，选择 type 属性的值为 text 的控件进行美化*/
.search_form input[type=submit] {
    height: 30px;
    line-height: 30px;
    width: 80px;
  font-size: 18px;
  color: #FFF;
  cursor: pointer;
  background: #09F;
  float: right;
  border: none;
  text-align: center;
  font-family: "微软雅黑";
}/*使用属性选择器，选择 type 属性的值为 submit 的控件进行美化*/
</style>
```

保存当前文档，通过浏览器预览即可看到最终效果。在本案例中，除了需要掌握常规的 CSS 样式属性，还应该掌握将某个区域的表单控件放置在一个 DIV 容器中的处理方法，以及对属性选择器知识的巩固和使用。

6.2.2　用户登录页面

用户登录页面是一个发挥情感化设计、提升用户体验、拉近与用户之间距离的重要页面。目前，许多网站把用户登录页面和首页放在一起设计，也由此反映出用户登录页面的重要性。本小节以案例的形式向读者介绍在用户登录页面中控制表单的思路与实现方法。

【demo6-12】用户登录页面

一般地，用户登录页面包括用户名、密码和"登录"按钮等表单控件，本案例最终效果如图 6-20 所示。仔细观察页面，可以将页面各控件的布局示意图描绘出来，如图 6-21 所示。

图 6-20　用户登录页面最终效果

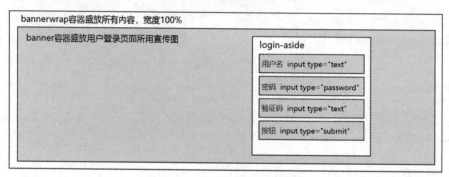

图 6-21　用户登录页面布局示意图

① 新建站点，创建 HTML5 文档和 CSS 文档，并将 CSS 文档作为外部样式链接到 HTML5 文档中。将需要用到的各类图片资源分类整理，放置在站点下面。

② 根据之前分析的思路，创建一组相互嵌套的 DIV 容器，建议使用"类名"作为容器的名称，具体结构代码如下所示。

```
<body>
<div class="bannerwrap">
  <div class="banner">
    <div class="login-aside"> </div>
  </div>
</div>
</body>
```

③ 切换到 style.css 文件，编写页面初始化规则与主要容器的 CSS 样式，具体代码如下所示。

```
html, body, div, a, img, form, label {
    margin: 0;
    padding: 0;
    border: 0;
}
body {
    background: #FFF;
```

```
        font-family: "微软雅黑";
    }
    .bannerwrap {
        background: rgb(242, 242, 242);
        width: 100%;
        margin-top: 200px;
        margin-bottom: 20px;
    }
    .banner {
        width: 1000px;
        margin: 0 auto;/*水平居中*/
        background: url(../images/theme-pic.jpg) no-repeat;
        position: relative;
        height: 478px;
        overflow: hidden;
    }
    .login-aside {
        width: 250px;
        height: 320px;
        position: absolute;/*绝对定位*/
        z-index: 9999999;/*使登录框的层级在最顶端*/
        left: 60%;
        top: 40px;
        border: 1px #CCCCCC solid;
        border-radius: 5px;/*边框设置为圆角*/
        background-color: #FFF;
        padding: 20px 15px 20px;
    }
```

> 父容器bannerwrap的宽度设置为100%，并设置背景颜色，使该容器呈现出左右贯穿屏幕的效果；子容器banner的宽度设置为1000px，引入与父容器颜色相同的背景图像，使得浏览者从视觉层面感觉整个贯穿屏幕的背景图效果大气。这种父子容器嵌套处理的方法非常常见，也便于开发人员对容器进行控制

④ 保存当前文档，通过浏览器预览的效果如图 6-22 所示。

图 6-22　用户登录页面预览效果

⑤ 切换到 index.html 文档，在 login-aside 容器内部创建表单域，并根据之前的规划插入多个 input 控件。为了方便对 input 控件进行控制，这里采取将 input 控件放入 DIV 容器的方法，一方面使得 input 控件具有块级元素的属性，另一方面也方便开发人员对容器进行控制，具体代码如下所示。

```
<div class="login-aside">
    <form class="registerform"action="">
        <div>
            <label for="username" class="form-label">用户名: </label>
            <input type="text" value="请输入手机号或用户名" maxlength="100" id=
"username" class="i-text" >
        </div>
```

> form-label类规则主要针对<label>标签的外观进行控制

> i-text类规则主要针对input控件的外观进行控制

133

```html
        <div>
          <label for="password" class="form-label">密码: </label>
          <input type="password" class="i-text" id="password" maxlength="100" >
        </div>
        <div class="pos-r">
          <label for="yzm" class="form-label">验证码: </label>
          <input type="text" value="输入验证码" maxlength="100" id="yzm" class=
"i-text yzm" nullmsg="请输入验证码! " >
          <img src="images/yzm.jpg" class="yzm-img" /> </div>

        <div class="fm-item">
          <input type="submit" value="" tabindex="4" id="send-btn" class=
"btn-login">
        </div>
    </form>
  </div>
```

yzm-img类规则主要针对验证码图像的位置进行定位

⑥ 切换到 style.css 文件，编写对应的 CSS 样式，具体代码如下所示。

```css
.registerform {margin-bottom: 40px;}
    label.form-label {
      display: block;
      line-height: 14px;
      text-align: left;
      width: auto;
      font-size: 16px;
      color: #333;
      margin-top: 16px;
      margin-bottom: 16px;
}
.i-text {
      width: 240px;
      height: 30px;
      line-height: 30px;
      border: 1px solid #858585;
      background: #FAFAFA;
      color: #9cb5cd;
      font-size: 14px;
      padding-left: 5px;
}/*设置文本框表单的外观和里面文字的样式*/
.pos-r {position: relative;}
.yzm {width: 112px;}/*设置验证码表单的宽度*/
.yzm-img {
      position: absolute;
      left: 130px;
      top: 30px;
      cursor: pointer;
}/*设置验证码图像的位置*/
.btn-login {
      width: 240px;
      height: 38px;
```

```
        background: url(../images/login-btn.png) no-repeat;
        border: none;
        margin-top: 5px;
}/*用图片当作背景，设置"登录"按钮的外观*/
.fm-item {margin-top: 20px;}
```

⑦ 最后，保存当前文档，通过浏览器预览即可看到最终效果。

至此，用户登录页面的实现过程已经讲解完成。在本案例中，读者需要掌握左右贯穿屏幕效果的实现方法和将 input 控件放入 DIV 容器再针对控件编写 CSS 样式规则的制作思路，以及绝对定位知识在控制容器时的使用方法。

6.2.3 传统按钮、CSS3 按钮与开源样式库按钮

按钮在页面交互过程中必不可少，在 HTML 中可以采用多种方式呈现按钮。可以使用块状化的<a>标签作为容器，也可以直接使用 HTML5 提供的<button>标签当作骨架，还可以将<input>标签的 type 属性设置为 button，使其有按钮的外观，但无论使用哪个元素作为按钮的结构，其处理方式无外乎使用图片美化、纯 CSS 代码编写，以及利用第三方代码实现。下面分别介绍实际工作中常见的按钮及其处理方式。

1. 传统按钮的实现

传统按钮的实现思路是使用<a>标签作为容器，借助伪类:hover 载入不同背景图像，使得<a>标签看起来像个按钮。这种方法的优点是实现难度很小，缺点是按钮背景图像需要提前制作，且大小为固定值，不容易修改。目前，有少量网站会使用此方法制作按钮。

微课视频

【demo6-13】传统按钮

使用 Dreamweaver 创建 HTML5 文档，并在 head 区域创建内部样式，主要代码片段如下所示。

```
<style type="text/css">
a {
    display: block;
    width: 150px;
    height: 50px;
    line-height: 45px;
    text-align: center;
    color: #FFF;
    font-size: 22px;
    font-family: "微软雅黑";
    text-decoration: none;
}
.button01 {background: url(bt01.png) no-repeat center center;}
a.button01:hover {background: url(bt02.png) no-repeat center center;}
.button02 {background: url(bg01.png) no-repeat center center;}
a.button02:hover {color: #333;}
</style>
<body>
<div><a href="#" class="button01"></a></div>
<div><a href="#" class="button02">提 交</a></div>
</body>
```

> 通过伪类载入不同的背景图像，使鼠标悬停在超链接上时呈现出按钮的效果

保存当前文档，通过浏览器预览的效果如图 6-23 所示。

图 6-23　传统按钮预览效果

2. CSS3 按钮的实现

CSS3 按钮指的是按钮的所有外观效果（如圆角、阴影等）均通过 CSS 代码实现，不再使用图像进行美化。这种方法的优点是按钮的外观、大小、颜色可以快速修改，缺点是部分 CSS 样式属性需要多个浏览器兼容，代码量稍大，对于初学者来讲难度有所增加。目前，大部分网站的按钮均用此方法实现。

【demo6-14】CSS3 按钮

使用 Dreamweaver 创建 HTML5 文档，并在 head 区域创建内部样式，主要代码片段如下所示。

```
<style type="text/css">
.button {
    display: inline-block;
    cursor: pointer;
    outline: none;/*设置元素周围的轮廓为没有任何线条*/
    text-align: center;
    text-decoration: none;
    font: 14px/100% "微软雅黑";
    padding: .5em 2em .55em;
    text-shadow: 0 1px 1px rgba(0,0,0,.3);/*设置文字阴影*/
    -webkit-border-radius: .5em;
    -moz-border-radius: .5em;
    border-radius: .5em;/*设置矩形框圆角*/
    -webkit-box-shadow: 0 1px 2px rgba(0,0,0,.2);
    -moz-box-shadow: 0 1px 2px rgba(0,0,0,.2);
    box-shadow: 0 1px 2px rgba(0,0,0,.2);/*设置按钮阴影*/
}
.button:hover {text-decoration: none;}
.button:active {position: relative; top: 1px;}
.orange {
    color: #fef4e9;
    border: solid 1px #da7c0c;
    background: #f78d1d;
    background: -webkit-gradient(linear, left top, left bottom, from(#faa51a),
to(#f47a20));
    background: -moz-linear-gradient(top, #faa51a, #f47a20);
}/*设置按钮本身渐变色*/
.orange:hover {
    background: #f47c20;
    background: -webkit-gradient(linear, left top, left bottom, from(#f88e11),
to(#f06015));
    background: -moz-linear-gradient(top, #f88e11, #f06015);
```

```
}/*设置按钮在鼠标悬停时改变颜色*/
.orange:active {
    color: #fcd3a5;
    background: -webkit-gradient(linear, left top, left bottom, from(#f47a20),
to(#faa51a));
    background: -moz-linear-gradient(top, #f47a20, #faa51a);
}/*设置按钮被单击时改变颜色*/
</style>
<body>
<button class="button orange">CSS3 按钮</button>
</body>
```

保存当前文档,通过浏览器预览的效果如图 6-24 所示。在本案例中,除了涉及基本的 CSS 样式规则,还有 border-radius(圆角)、box-shadow(阴影)、linear-gradient(渐变)等知识,这些内容将在后续章节进行讲解,读者在此环节仅需认知 CSS3 按钮实现的思路即可。

图 6-24　CSS3 按钮预览效果

3. 开源样式库按钮的实现

为了节约开发成本,开发人员会使用一些开源的按钮样式来提高项目开发效率。这些开源的 CSS 样式库为用户提供了各种各样的按钮外观,用户仅需要挑选合适的"类名称"作用在某个元素上,即可完成按钮的制作。

微课视频

【demo6-15】开源样式库按钮

① 访问开源的 Buttons 网站,下载按钮的 CSS 样式库。

② 使用 Dreamweaver 创建 HTML5 文档,并将下载的样式库作为外部样式链接到 HTML5 文档中。

③ 在 HTML5 文档中分别创建<a>标签和<input>标签,参考 Buttons 网站的文档说明,将需要的"类名称"应用到标签中,如下所示。

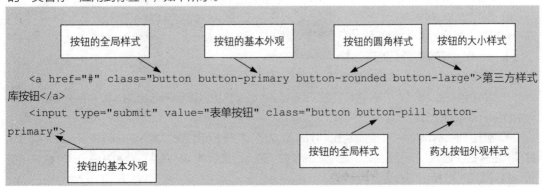

④ 保存当前文档，通过浏览器预览的效果如图 6-25 所示。

图 6-25　开源样式库按钮预览效果

6.3　表格

table 属于块级元素，在 HTML5 中表示表格。由于多年前"表格用于网页布局"的制作思路已被摒弃，所以现在表格元素的使用频率非常低，仅用于显示有规律的数据。例如在"天猫"网站中，<table> 标签仅在商品的详情页中出现过少数几次，且作用都是罗列商品的规格参数。

表格的使用频率变少，并不意味着没有用处，<table> 标签及其衍生出的其他标签在 Web 前端制作过程中还是有一定用处的。本节在简要讲解表格相关概念的基础上，向读者介绍工作中常见表格的处理方法。

6.3.1　表格的基本概念及其简易操作

1. 表格中常见的标签

（1）<table> 标签

以 <table> 开始，以 </table> 结束，表示一个表格的首尾，常作用于 <table> 标签的属性有 summary（表格的摘要说明）、width（表格的宽度）和 border（表格边框）。

（2）<thead> 标签

表格的头部 thead，可以使用单独的样式定义表头，并且在打印时可以在分页的上部打印表头。

（3）<tbody> 标签

浏览器显示表格时，通常是完全下载表格后再全部显示，所以当表格很长时，可以使用 tbody 分段显示。

（4）<tr> 标签

tr 是 table row 的缩写，含义为"表行"。

（5）<th> 标签与 <td> 标签

th 是 table header cell 的缩写，含义为"表头"；td 是 table data cell 的缩写，含义为"表格中的单元格"。常作用于 <th> 标签和 <td> 标签的属性有 colspan（一行跨越多列）、rowspan（一列跨越多行）、scope（定义行或列的表头）。

2. 在 Dreamweaver 中创建表格

在 Dreamweaver 中有多种途径能够快速创建表格，这里以案例的形式讲解表格的相关知识。

【demo6-16】创建表格

① 启动 Dreamweaver，创建空白 HTML5 文档，将光标定位在要插入表格的位置，然后执行软件菜单栏中的"插入"→"Table"命令，或者在"插入"面板的"HTML"类别中单击"Table"按钮，打开图 6-26 所示的对话框。

在"Table"对话框中，各参数的含义如下。

- 行数：拟创建表格中行的数目。
- 列：拟创建表格中列的数目。
- 表格宽度：以像素为单位或按占浏览器窗口宽度的百分比指定表格的宽度。
- 边框粗细：以像素为单位，设置表格边框的宽度。若设置为 0，则在浏览时不显示表格边框。
- 单元格边距：确定单元格边框与单元格内容之间的像素数。
- 单元格间距：相邻单元格之间的像素数。
- 无：对表格不启用列或行标题。
- 左：将表格的第一列作为标题列。
- 顶部：将表格的第一行作为标题行。
- 两者：能使用户在表格中输入列标题和行标题。
- 标题：显示在表格外的表格标题。
- 摘要：表格的说明信息。

图 6-26 "Table"对话框

② 在图 6-26 中，将"行数"设置为 3，"列"设置为 4，"表格宽度"设置为 700 像素，"边框粗细"设置为 1 像素，"单元格边距"设置为 2，"单元格间距"设置为 3，在"标题"区域选择"两者"，单击"确定"按钮，即可插入 3 行 4 列的表格，如图 6-27 所示。

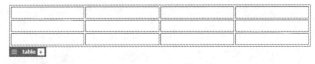

图 6-27 插入表格

3. 表格的简易操作

（1）选择单元格

要对表格进行编辑，就要选择待编辑的区域。用户可以一次选择整个表格、行或列，也可以选择一个或多个单独的单元格。

① 选择整个表格。

【方法一】将鼠标移动到表格的上下边框，或表格的 4 个顶角，当鼠标变成表格网格图标时，单击即可选择整个表格，如图 6-28 所示。

【方法二】将光标定位在表格内任意位置，单击鼠标右键，在弹出的右键菜单中执行"表格"→"选择表格"命令，即可选择整个表格。

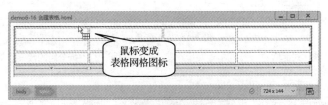

图 6-28 单击上边框选择整个表格

② 选择单元格。

【方法一】将光标定位在表格内，根据需要拖动鼠标，即可选中一个或多个连续的单元格，如

图 6-29 所示。

【方法二】按住 Ctrl 键单击目标单元格，即可选中一个单元格。如果连续单击多次，可以选中多个单元格（单元格可以不连续）。

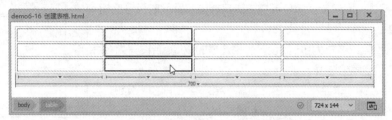

图 6-29　拖动鼠标选择多个连续的单元格

（2）拆分、合并单元格

拆分是指将一个单元格拆分为多个单元格；合并是指将多个单元格合并为一个单元格。

【demo6-17】拆分、合并单元格

① 使用【demo6-16】的案例继续完成后续操作。选择表格的第一行单元格，在"属性"面板中单击 圖标按钮，即可将多个单元格合并为一个单元格。

② 在合并后的单元格内输入相关文字，此时效果如图 6-30 所示。

图 6-30　合并单元格并输入文字

③ 按下 Ctrl 键并单击第二行第二列的单元格，此时该单元格处于被选中状态。单击鼠标右键，在右键菜单中执行"表格"→"拆分单元格"命令，或者在"属性"面板中单击 圖标按钮。

④ 此时弹出图 6-31 所示的对话框。在"把单元格拆分成"选项后选择要拆分为行还是列，然后在"行数（列数）"文本框中输入具体拆分的行数（列数）。这里选中"行"单选按钮，将"行数"设置为 3，最后单击"确定"按钮，即可完成单元格拆分，拆分后的效果如图 6-32 所示。

图 6-31　"拆分单元格"对话框

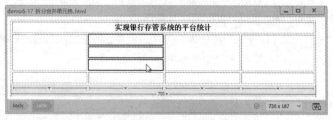

图 6-32　拆分后的效果

（3）删除、添加行或列

当遇到之前创建的表格中的行或列不能满足实际需求时，需要添加或删除行与列。

① 删除行或列。

【方法一】选择完整的一行或列，直接按 Delete 键即可删除完整的一行或列。

【方法二】将鼠标定位在要删除的行或列中的一个单元格内，单击鼠标右键，在右键菜单中的"表格"子菜单中执行"删除行"或"删除列"命令即可。

② 添加行或列。

将光标定位在要添加行（列）的单元格内部，单击鼠标右键，在右键菜单中执行"表格"子菜单中的"插入行或列"命令即可。

6.3.2 细线表格

微课视频

使用之前所讲授的知识仅能完成表格雏形的创建，想要真正在工作中制作出符合用户预期的表格，还需要 CSS 的帮助。表格中常用的 CSS 属性详见表 6-3。

表 6-3　表格中常用的 CSS 属性

属性	属性值及其含义		说明
border-collapse	separate（默认值）	边框独立	设置表格的行和单元格的边框是否合并在一起
	collapse	边框合并	
border-spacing	length	由浮点数字和单位标识符组成的长度值，不可为负值	当设置表格为边框独立时，行和单元格的边在横向和纵向上的间距。当指定了一个 length 值时，这个值将作用于横向间距和纵向间距；当指定了两个 length 值时，第一个作用于横向间距，第二个作用于纵向间距
caption-side	top（默认值）	caption 在表格的上边	设置表格的 caption 是在表格的哪一边，它是和 caption 一起使用的属性
	right	caption 在表格的右边	
	bottom	caption 在表格的下边	
	left	caption 在表格的左边	
empty-cells	show（默认值）	显示边框	设置表格的单元格无内容时是否显示该单元格的边框。仅当行和列的边框独立时，此属性才生效
	hide	隐藏边框	

这些属性是控制表格的基础属性。由于篇幅所限，这里以案例的形式介绍工作中出现频率最高的 CSS 属性，至于其他属性，请读者查阅帮助文档进行学习。

【demo6-18】细线表格

① 使用 Dreamweaver 创建空白 HTML5 文档，在其中创建一个 4 行 3 列，表格宽度为 800px，边框粗细为 1，且包含"顶部"标题的空白表格。

② 为了使表格展示得更加清楚，这里为表格增加部分文字内容，在没有任何 CSS 样式的作用下，当前表格预览效果如图 6-33 所示。

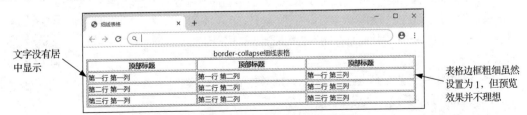

图 6-33　表格未增加 CSS 样式时的预览效果

③ 在页面文档的 head 区域创建内部样式，主要代码片段如下所示。

```
<style type="text/css">
table {
    border: 1px solid #000000;
    font: 16px/1.5em "微软雅黑";
    border-collapse: collapse;/*合并单元格之间的边框*/
}
caption {
    font-size: 20px;
    margin-bottom: 15px;
    text-align: center;
} /*设置表头文字效果 */
th {
    color: #F4F4F4;
    border: 1px solid #000000;
    background: #06F;
} /*设置表格中标题的样式（标题文字颜色、边框、背景颜色）*/
td {
    text-align: center;
    border: 1px solid #000000;
    background: #5ACDFA;
} /*设置所有 td 内容单元格的文字居中显示，并添加黑色边框和背景颜色*/
</style>
```

④ 保存当前文档，通过浏览器预览的效果如图6-34所示。

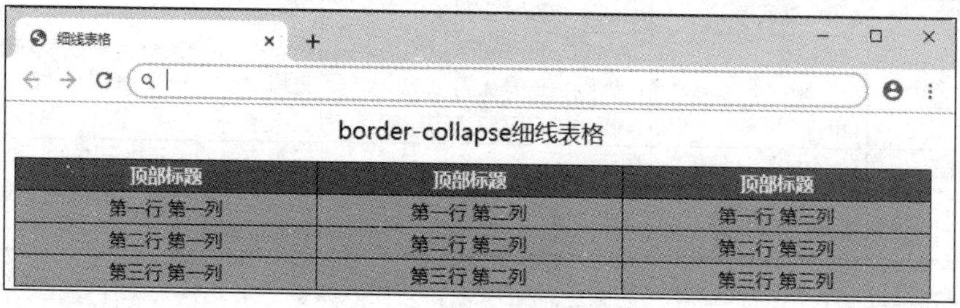

图6-34　细线表格最终效果

从 CSS 代码中可以发现，本案例中绝大部分样式仅是对背景颜色、文字外观和边框进行设置，而最重要的设置是"border-collapse: collapse;"，这样表格边框才不会出现"双线框"的外观。

6.3.3 隔行换色表格

表格之所以设置为隔行换色，是为了方便浏览者查看同一行数据，让浏览者有良好的视觉体验。通过分析目标效果可以发现，隔行换色的本质是奇数行应用一种颜色，偶数行应用另一种颜色。那么如何去实现呢？这里通过案例介绍两种实现的方法。

微课视频

（1）通过将特定的类规则应用到奇数行或偶数行的方法实现

【demo6-19】隔行换色 CSS 表格

① 使用 Dreamweaver 创建空白 HTML5 文档，在其中创建一个 5 行 7 列，表格宽度为 90%，边框粗细为 0，且包含"顶部"标题的空白表格。根据场景需要，为表格增加文字内容，预览效果如图6-35所示。

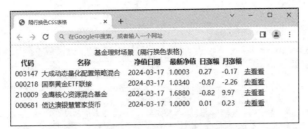

图 6-35 隔行换色 CSS 表格预览效果（1）

② 在页面文档的 head 区域创建内部样式，主要代码片段如下所示。

```
<style type="text/css">
html, body {margin: 0;padding: 0;}
body {background: #fff;font: 14px/1.5 "微软雅黑";}

a {text-decoration: none;}
.green {color: #0C3;}/*下跌文字颜色*/
.red {color: #F00;}/*上涨文字颜色*/
table {
    width: 90%;
    border: 1px solid #c3dcf5;
    margin: 10px auto;
    border-collapse: collapse;/*合并单边框*/
}
caption {
    color: #666;
    font-size: 2em;/*设置字体大小为初始化时的 2 倍*/
    caption-side: top;/*设置表格标题位置*/
    text-align: center;/*文字居中*/
}
thead th {background: #ebf5ff; text-align: center; color: #5591be;}
td {
    color: #678197;
    border: 1px solid #c3dcf5;
    padding: 4px 14px;
    text-align: center;
}
</style>
```

③ 至此，已经将表格绝大部分外观设置完成，下面单独为奇数行设置背景颜色。在内部样式中继续书写以下 CSS 样式规则。

```
tr.odd td {background: #f7fbff;} /*增加背景颜色，使得应用该规则的行表现出隔行换色的效果*/
```

④ 修改表格的结构代码，让需要增加底纹颜色的奇数行应用 "odd 类规则"，具体内容如下。

```
<tr class="odd">          ◀—— 在tr元素上应用odd类规则
    <td>000218</td>
    <td>国泰黄金 ETF 联接</td>
    <td>2024-03-17</td>
    <td>1.0340</td>
    <td class="green">-0.87</td>
    <td class="green">-2.26</td>
    <td><a class="bn" href="#">去看看</a></td>
</tr>
```

⑤ 保存当前文档，通过浏览器预览的效果如图 6-36 所示。

图 6-36　隔行换色表格预览效果（2）

（2）通过伪类选择器实现

① 延续上述案例的制作过程。删除"odd 类规则"的代码，修改为以下内容。

```
tr:nth-of-type(even) {background-color: #ebf5ff;} /*设置偶数行背景颜色*/
tr:nth-of-type(odd) {background-color: #f7fbff; }/*设置奇数行背景颜色*/
```

② 为了进一步优化视觉效果，还需要将按钮进行美化，具体内容如下。

```
.bn {
    display: block;
    margin: 0 auto;/*让按钮水平居中*/
    width: 80px;
    height: 30px;
    line-height: 30px;
    background: #C30;
    color: #FFF;
    border-radius: 5px;/*设置圆角属性*/
}
.bn:hover {background: #FC0;color: #333;} /*设置鼠标悬停效果*/
```

③ 保存当前文档，通过浏览器预览的效果如图 6-37 所示。

图 6-37　隔行换色表格最终效果

6.4　课堂动手实践

【思考】

1. 什么是表单域？为元素制定 form 属性有什么意义？

2. <label>标签的作用是什么？

3. 表单的 required 属性和 pattern 属性常用于何种场合?

4. 请说明传统按钮、CSS3 按钮与开源样式库按钮这 3 种按钮的实现方法有什么利弊。

5. 表格中常见的标签有哪些? 分别是什么含义?

6. 细线表格用到的核心 CSS 样式规则是什么?

7. 隔行换色表格实现的本质是什么? 如何实现?

【动手】

1. 使用创建表单的基本方法实现图 6-38 所示的简单表单页面。

图 6-38　第 1 题预览效果

2. 结合 CSS 的知识，在创建的表单页面的基础上美化表单，实现图 6-39 所示的页面。

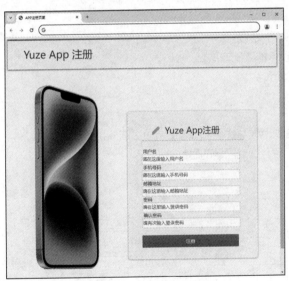

图 6-39　第 2 题预览效果

145

Web Design
with HTML5
and CSS3

第 7 章
CSS3与HTML5的高级应用

【本章导读】

在之前的学习中,读者或多或少已经对 CSS3 和 HTML5 相关的知识有一定的认识,而这种看似非常基础的知识正是后期实践能力快速提升的基石。本章将实际工作中经常出现但稍难理解的知识加以汇总整理,着重向读者介绍一些 CSS3 与 HTML5 的主流应用,希望能够帮助读者进一步拓展思维,积累相关经验。

【学习目标】

- 掌握 CSS Sprite 技术的原理及应用;
- 掌握 CSS3 渐变的实现方法;
- 掌握 CSS3 动画的设计方法;
- 掌握 CSS3 选项卡的实现方法;
- 了解 HTML5 Canvas。

【素质目标】

- 进一步提升学生规范编写代码和独立分析问题的能力;
- 培养学生自主学习,探究问题的思维能力。

【思维导图】

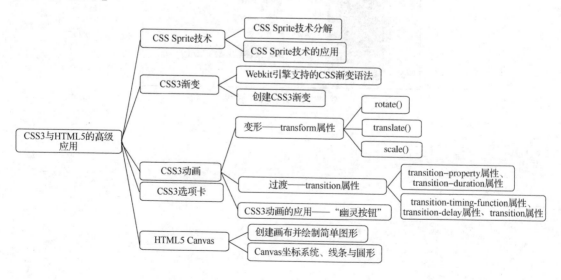

7.1 CSS Sprite 技术

随着当前在线图标库的兴起，CSS Sprite 技术的应用范围有所减少，但其技术思路依然值得读者学习。CSS Sprite 通常被翻译为"CSS 图像拼合"或"CSS 贴图定位"，是目前 Web 前端开发中应用较为成熟的技术之一。该技术最重要的作用就是减轻服务器负载，提高页面加载速度。

7.1.1 CSS Sprite 技术分解

1. 原理解析

CSS Sprite 技术常被应用在大型网站的背景控制中，其本质就是把网页中许多要用到的小背景图像通过 Photoshop 整合到一张图像中，再利用 CSS 的 background-image 属性、background-repeat 属性、background-position 属性的组合进行背景定位。图 7-1 所示就是"天猫"网站借助 CSS Sprite 技术所使用的背景图像。

微课视频

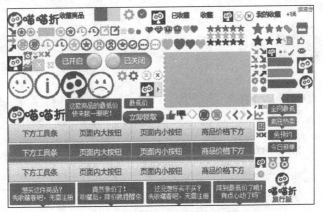

图 7-1 "天猫"网站部分背景图像

由于多张背景图像被整合在一张图像内，当页面加载时并不是单独加载每张图像，而是一次性加载整张组合过的图像，因此大大减少了 HTTP 请求的次数，减轻了服务器的压力，这就是诸多大型网站都在使用 CSS Sprite 技术的重要原因。

2. 优缺点

CSS Sprite 技术非常值得学习和应用，但网站中是否应该使用 CSS Sprite 技术，还需要根据实际情况进行分析，它的优点主要表现在以下几方面。

（1）能够有效减少网页的 HTTP 请求，大幅提高页面性能。

（2）能够有效减少图像的字节数。

（3）方便更换站点风格。只需要修改少量颜色或样式，整个站点风格即可改变。

它的缺点主要表现在以下几方面。

（1）CSS Sprite 技术大多使用固定的像素定位，灵活性较差。

（2）在开发初期较为麻烦，需要用 Photoshop 或其他测量工具计算出每个背景元素的精确位置。

（3）在自适应页面环境下，如果前期图像设置宽度不够，容易出现背景断裂的现象。

（4）维护不方便。

总之，项目开发初期需要整体权衡一下利弊，在可维护性和降低负载之间选择最适合的方式。

7.1.2 CSS Sprite 技术的应用

在使用 CSS Sprite 技术的过程中，难点在于 background-position 属性如何取值。到底是取正值还是取负值，要看背景图片的移动位置。为了方便读者理解，这里以案例的形式讲解 CSS Sprite 技术的应用。

【demo7-1】CSS Sprite

本案例要实现的效果为"当鼠标悬停于圆形链接上时，其背景图像显示的内容与文字相互照应"，最终效果如图 7-2 所示，所用到的 PNG 背景图像是由多个图标拼合在一起的图像，每个图标宽、高均为 180px，图标之间的间距为 20px，如图 7-3 所示。

图 7-2　CSS Sprite 技术的应用

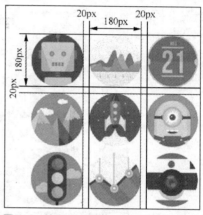

图 7-3　使用 CSS Sprite 技术需要的配图

仔细观察图 7-2 和图 7-3 可以发现，在初始状态下，图 7-2 中的文字内容与图 7-3 中具体的图标并非一一对应，为了达到预期目标，需要通过调整背景图像的 background-position 属性的值，使得背景图像"移动"到特定的位置，下面讲述具体实现过程。

1. 基础结构的创建

① 启动 Dreamweaver，创建空白 HTML5 文档。在文档中使用一组无序列表对文字内容进行规划，具体的结构代码如下。

```
<body>
<div class="box">              这里拟使用不同的"类规则"来分别实现鼠标悬停时背景图像的载入
 <ul>
   <li class="xj"><a href="#">相机</a></li>
   <li class="dt"><a href="#">地图</a></li>
   <li class="jqr"><a href="#">机器人</a></li>
   <li class="xhr"><a href="#">小黄人</a></li>
   <li class="hj"><a href="#">火箭</a></li>
   <li class="rl"><a href="#">日历</a></li>
   <li class="sj"><a href="#">数据</a></li>
   <li class="hld"><a href="#">红绿灯</a></li>
   <li class="sm"><a href="#">山脉</a></li>
 </ul>
</div>
</body>
```

② 在当前页面的 head 区域创建内部样式。首先，从大到小进行定义，将外边距、内边距和边框设置为 0；其次，使用 "list-style:none;" 规则清除<li>的默认样式及超链接默认状态的外观；最后，针对通用的全局容器进行外观设置，具体内容如下。

```
<style type="text/css">
*  {margin: 0;padding: 0;}
ul, li {list-style: none;}
a {text-decoration: none;}
.box {
    margin: 20px auto;
    padding: 15px;
    border: 1px #999999 solid;
    width: 580px;
    height: 580px;
    font-size: 40px;
    font-weight: bolder;
    font-family: "微软雅黑";
}
.box ul li {float: left;}
.box ul li a {
    display: block;
    width: 180px;
    height: 180px;
    line-height: 180px;
    text-align: center;
    border: 1px #999999 solid;
    margin: 0 10px 10px 0;
    border-radius: 90px;/*设置圆角半径*/
    color: #333;
}
</style>
```

③ 保存当前文档，通过浏览器预览即可看到初始效果。此时，鼠标悬停在超链接上时，没有任何动态效果。下面使用 background-position 属性让背景图像进行移动，精确地放置在对应位置。

2. 理解 background-position 属性的取值

为了方便理解，这里做以下比喻：当使用 CSS Sprite 技术时，浏览器中的容器是静止不动的，可以将该容器当作"万花筒"，当浏览者通过"万花筒"向后面观看时，背景图像进行移动变换，且移动变化的参照物均是背景图像的"左上角"。

以本案例中第 1 个超链接"相机"为例，背景图像中"相机"图标所在位置是"右下角"，要想将该图标移动到"左上角"原点的位置，需要先将该图标水平向左移动 400px 的距离，再垂直向上移动 400px 的距离，如图 7-4 所示，在 CSS 中设置为 "background- position:- 400px -400px;"。

以本案例中第 3 个超链接"机器人"为例，背景图像中"机器人"图标所在位置本身就是参照物的原点，故无须移动，在 CSS 中设置为 "background- position: 0 0;"。

以本案例中第七个超链接"数据"为例，背景图像中"数据"图标所在位置是"第一行的第二列"，要想将该图标移动到"左上角"原点的位置，需要将该图标水平向左移动 200px 的距离，垂直方向无须移动，如图 7-5 所示，在 CSS 中设置为 "background- position: -200px 0;"。

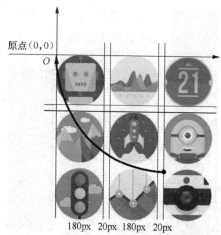

图 7-4 "相机"图标移动示意图

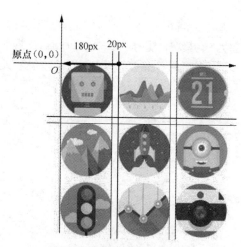

图 7-5 "数据"图标移动示意图

由上述几个图标的移动过程可以总结出："背景图像向左移动和向上移动，background- position 取值均为负，反之取值为正"，示意图如图 7-6 所示。

3. 具体实现

通过上述的分析和理解，针对本案例中的多个超链接分别编写 CSS 样式规则如下。

图 7-6　background-position 属性正负取值关系

```
.xj a:hover {
  background: url(Sprit_bg.png) no-repeat;
      background-position: -400px -400px;
}/* "相机"超链接伪类参数设置*/
.dt a:hover {
      background: url(Sprit_bg.png) no-repeat;
      background-position: -200px -400px;
}/* "地图"超链接伪类参数设置*/
.jqr a:hover {
      background: url(Sprit_bg.png) no-repeat;
      background-position: 0px 0px;
}/* "机器人"超链接伪类参数设置*/
.xhr a:hover {
      background: url(Sprit_bg.png) no-repeat;
      background-position: -400px -200px;
}/* "小黄人"超链接伪类参数设置*/
.hj a:hover {
      background: url(Sprit_bg.png) -200px -200px no-repeat;
}/* "火箭"超链接伪类参数设置*/

.rl a:hover {
      background: url(Sprit_bg.png) -400px 0px no-repeat;
}/* "日历"超链接伪类参数设置*/
```

background-position属性融入 background属性中的简写形式。第一个参数是水平方向上的位移，第二个参数是垂直方向上的位移

```
.sj a:hover {
        background: url(Sprit_bg.png) -200px 0px no-repeat;
}/*"数据"超链接伪类参数设置*/
.hld a:hover {
        background: url(Sprit_bg.png) 0px -400px no-repeat;
}/*"红绿灯"超链接伪类参数设置*/
.sm a:hover {
        background: url(Sprit_bg.png) 0px -200px no-repeat;
}/*"山脉"超链接伪类参数设置*/
```

至此，CSS Sprite 技术的原理和具体案例应用讲解完成，请读者在实践过程中仔细体会背景图像移动的位置和 background-position 属性正负取值关系。

7.2 CSS3 渐变

访问者在网页中看到的渐变效果大多数是通过将预先制作的背景图像平铺呈现出来的，虽然这种方式在某些特定环境下不那么灵活，但绝大多数设计者还必须这么去做。CSS3 自从支持渐变特性后，就给设计者提供了一种灵活实现渐变效果的方式。

目前，使用 CSS3 制作的渐变效果支持无极缩放，但这仅适用于 Webkit 和 Gecko 引擎的浏览器，而且在使用过程中的语法也有不同。本节仅向读者简单介绍基于 Webkit 引擎的浏览器实现的渐变效果，更多知识请读者查阅相关资料进行学习。

1. Webkit 引擎支持的 CSS 渐变语法

（1）线性渐变

-webkit-gradient 是 Webkit 引擎对渐变的实现参数，例如下面的线性渐变语句。

```
-webkit-gradient(linear,  left  top,  left  bottom,  from(#000),  to(#fff),
color-stop(0.4, #666));
```

第一个参数表示渐变类型（type），可以是 linear（线性渐变）或者 radial（径向渐变）。

第二个和第三个参数都是一对值，分别表示渐变的起点和终点。这对值可以用坐标形式表示，也可以用关键值表示，比如 left top（左上角）和 left bottom（左下角）。

第四个和第五个参数分别表示渐变颜色的开始颜色值和结束颜色值。

第六个参数是一个 color-stop 函数，该函数包含两个参数，第一个参数取值范围是 0.0～1.0，表示位置偏移量；第二个参数是停靠颜色值。当对象中包含两个以上的渐变时，color-stop 函数才能使用。

（2）径向渐变

径向渐变语句如下。

```
-webkit-gradient(radial, 125 125, 50,
                         125 125, 100,
                         from(#000), to(#FFF));
```

radial 表示渐变类型为径向渐变，有两个同心圆，圆心坐标为（125,125），内圆半径为 50，外圆半径为 100，从内圆黑色到外圆白色径向渐变，超出外圆半径部分显示为白色。

2. 创建 CSS3 渐变

【demo7-2】CSS3 渐变

① 在 Dreamweaver 中创建 HTML5 文档，在新建的文档中创建如下所示的文档结构。

```
<body>
```

```
<div id="xianxing" class="box fl">线性渐变</div>
<div id="jingxiang" class="box fl">径向渐变</div>
</body>
```

② 在当前页面的 head 区域编写相应的 CSS 样式规则，具体代码如下。

```
<style type="text/css">
.box {
    width: 250px;
    height: 250px;
    margin: 10px;
    display: -webkit-box;
    -webkit-box-align: center;
    -webkit-box-pack: center;
    color: #FFF;
    font: 50px "微软雅黑";
}
#xianxing {
    background-image: -webkit-gradient(linear, left top,
                                       left bottom,
                                       from(#ff4f02), to(#8f2c00),
                                       color-stop(0.5, #FC0));
}
#jingxiang {
    background-image: -webkit-gradient(radial, 125 125, 50,
                                       125 125, 100,
                                       from(#00C), to(#0CF));
}
.fl {
    float: left;
}
</style>
```

③ 保存当前页面，通过浏览器预览即可看到效果，如图 7-7 所示。

图 7-7　CSS3 渐变预览效果

7.3　CSS3 动画

在 CSS 2.1 之前，设计师通常依赖 JavaScript 脚本来实现二维或三维动画，而现在借助 CSS3

同样可以完成类似的效果。

　　CSS3 动画是元素从一种样式逐渐改变为另一种效果的过程，通俗地讲就是一种动画的转换过程，通常使用 transition 属性来实现诸如渐显、渐隐和动画的快慢等效果。

7.3.1　变形——transform 属性

微课视频

　　transform 属性从字面上可以简单地理解为"变形"。在 CSS3 中，通过 transform 属性可以实现目标对象的旋转（rotate）、扭曲（skew）、移动（translate）和缩放（scale）等动作。transform 属性的语法如下。

```
transform: none | <transform-function> [ <transform-function> ]*
```

　　"none"表示不进行变换；"<transform-function>"表示一个或多个变换函数，多个参数之间用空格分开。transform-function 函数包括 rotate( )、translate( )、scale( )、skew( )和 matrix( )等。

1. 旋转函数——rotate( )

　　rotate( )函数能够旋转指定的元素，它主要在二维空间内进行操作，括号内设置某个角度，即可用来指定旋转的角度。角度取值为正值时，顺时针旋转；角度取值为负值时，逆时针旋转。例如"transform: rotate(30deg);"的含义为将元素顺时针旋转 30°。

2. 移动函数——translate( )

　　translate( )函数能够重新定义元素的坐标，该函数包含两个参数值，分别用来定义 x 轴和 y 轴的坐标。例如"transform: translate(30px, 40px);"的含义是将元素参照原有的位置水平向右移动 30px、垂直向下移动 40px。

3. 缩放函数——scale( )

　　scale( )函数能够缩放目标元素，该函数包含两个参数值，分别用来定义宽度和高度的缩放比例。参数值可以是正数、负数和小数。取正数则基于指定的宽度和高度放大元素；取负数则不会缩小元素，而是翻转元素后再缩放元素；取小数（如 0.6）可以缩小元素。例如"transform: scale(2);"的含义是将元素放大至原来的 2 倍。

　　【demo7-3】transform 属性

　　① 创建 HTML5 文档，在新建的文档中创建如下所示的文档结构。

```
<body>
<div class="box rotate">旋转</div>
<div class="box translate">移动</div>
<div class="box scale">缩放</div>
</body>
```

　　② 在当前页面的 head 区域编写相应的 CSS 样式规则，具体代码如下。

```
<style type="text/css">
.box {
    width: 150px;
    height: 150px;
    line-height: 150px;
    text-align: center;
    border: 2px #FF0000 solid;
    margin: 50px;
    float: left;
    font-size: 26px;
```

```
}
.rotate:hover {transform: rotate(30deg);}/*旋转 30° */
.translate:hover {transform: translate(20px, 15px);}
/*相对于原有位置，水平向右偏移20px，垂直向下偏移15px*/
.scale:hover {transform: scale(-1.5);}/*先翻转元素，然后放大为原来的1.5倍*/
</style>
```

③ 保存当前页面，通过浏览器预览即可看到效果，如图 7-8 所示。

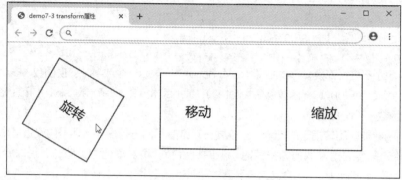

图 7-8　transform 属性预览效果

7.3.2　过渡——transition 属性

微课视频

transition 属性是一个复合属性，可以同时定义 transition-property、transition-duration、transition-timing-function 和 transition-delay 等多种子属性。下面简单介绍各种属性的含义。

1. transition-property 属性

transition-property 属性用于规定应用过渡效果的 CSS 属性的名称，可以取 none（没有元素获得过渡效果）、all（所有属性都获得过渡效果）和 property（指定应用过渡效果的属性名称）3 个属性值。

2. transition-duration 属性

transition-duration 属性用于规定完成过渡效果需要花费的时间（以秒或毫秒计）。默认状态下，动画的过渡时间为 0 秒，即访问者不会看到变化过程，而是直接看到结果。如果将时间设置为 1 秒，则访问者会在 1 秒钟内看到变化效果。

3. transition-timing-function 属性

transition-timing-function 属性用来定义过渡动画的效果，可以取以下 6 个属性值。

（1）ease：慢速开始，中间变快，最后慢速结束的过渡效果。

（2）linear：以相同速度开始并结束的过渡效果。

（3）ease-in：渐显效果。

（4）ease-out：渐隐效果。

（5）ease-in-out：淡入淡出效果。

（6）cubic-bezier：特殊的立方贝塞尔曲线效果。

4. transition-delay 属性

transition-delay 属性用于规定过渡效果延迟多长时间开始。

5. transition 属性

transition 属性是以上 4 个属性的简写属性，例如 "transition: all 1s ease-in-out 0.4s;" CSS 样式规则是指当前元素获得过渡效果，其过渡时间为 1 秒，过渡效果为淡入淡出，并且延迟 0.4 秒再开始执行。

【demo7-4】transition 属性

① 创建 HTML5 文档，在新建的文档中创建如下所示的文档结构。

```
<body>
<div class="box">过渡</div>
</body>
```

② 在当前页面的 head 区域编写相应的 CSS 样式规则，具体代码如下所示。

```
<style type="text/css">
.box {
    width: 150px;
    height: 150px;
    line-height: 150px;
    text-align: center;
    background: #FF0;/*黄色背景*/
    color: #333;/*黑色字体*/
    font-size: 40px;
    font-family: "微软雅黑";
    font-weight: bolder;
    margin:0 auto;
}
.box:hover {
    transition: all 2s ease;
    background: #C00;/*红色背景*/
    color: #FFF;/*白色字体*/
}
</style>
```

> 初始状态时容器为黄色背景，黑色字体。鼠标悬停后增加过渡效果，变为红色背景，白色字体。整个过渡时间为2秒

③ 保存当前页面，通过浏览器预览即可看到效果，如图 7-9 和图 7-10 所示。

图 7-9　鼠标未经过时的预览效果

图 7-10　鼠标经过时的预览效果

7.3.3　CSS3 动画的应用——"幽灵按钮"

1. 什么是"幽灵按钮"

之所以称为"幽灵按钮"，是因为此类按钮中除了边框和文字，其他内容均为透明或几乎完全透明，即按钮外观仅仅通过各种线条勾勒，没有颜色填充。

在各种类型的网站（包括手机端 APP）中都能发现"幽灵按钮"的身影，"幽灵按钮"之所以流

155

行，也与当前"极简风格"或"扁平风格"的流行趋势有关。"幽灵按钮"通常被置于显要位置，例如屏幕的正中央，这种风格的按钮在全屏照片背景的网站中大受欢迎，如图7-11所示。

图7-11 "幽灵按钮"在某网站的应用

从Web页面的典型应用可以发现，"幽灵按钮"包含以下特征。

（1）按钮是镂空的。

（2）按钮的外围用细线勾勒，仅设置一点厚度。

（3）按钮包含简短的文字。

（4）按钮颜色为纯色，绝大多数为黑色或白色。

（5）按钮占据页面显著位置。

（6）按钮可单击区域比传统按钮更大。

（7）按钮内部可以包含几何形状的图标。

2．"幽灵按钮"的实现

【demo7-5】幽灵按钮

为了让读者理解"幽灵按钮"的实现过程和制作思路，这里首先给出"幽灵按钮"的最终预览效果，如图7-12所示。通过对当前案例的仔细体验，以及仔细观察鼠标悬停时的动态效果，可以发现以下细节。

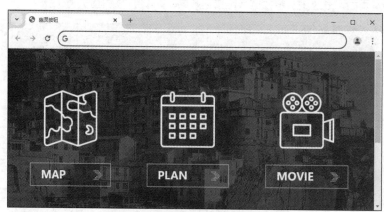

图7-12 "幽灵按钮"最终预览效果

（1）案例选用的背景图像是一张蓝色宽幅图像，其中的图标和文字均为白色。

（2）鼠标悬停在图标上时，图标旋转360°，并伴随放大效果。

（3）鼠标悬停在按钮上时，按钮外边框有渐显效果，且装饰性三角图像向右滑动一定的距离。

（4）案例中所有动效过程均有时间上的设置。

（5）3 个"幽灵按钮"结构相同，均为上方醒目图标、下方镂空按钮。

上面对过程进行了分析，下面讲述整个实现过程。

① 创建 HTML5 文档和 CSS 文档，并将两者进行链接。然后，在新建的 HTML5 文档中先创建如下所示的文档结构，每个容器的作用也在其中展示。

```
<body>
<div class="box">                    box容器用于全局控制，是所有容器的外包裹
  <div class="link link_map">
     <span class="icon"></span>       link容器是3个按钮中的一个，由于3个按钮有通
     <a href="#" class="button">MAP</a>   用的属性，这里使用link类进行统一书写。又因
  </div>                               为每个按钮的内容和背景图像均不同，所以需
  <div class="link link_plan">          要为当前容器再增加一个专属类link_map
     <span class="icon"></span>
     <a href="#" class="button">PLAN</a>
  </div>
  <div class="link link_movie">          span容器用于放置图标，这里添加icon类
     <span class="icon"></span>
     <a href="#" class="button">MOVIE</a>
  </div>
  </div>                               a元素用于盛放超链接的内容，这里添加button类
</body>
```

② 切换到 style.css 文档，对页面的初始化进行相关设置，并对总管全局外观的 box 类、总管按钮外观的 link 类，以及总管按钮中图标的 icon 类编写对应的 CSS 样式规则，具体代码如下所示。

```
* {margin: 0;padding: 0;}
body {background: url(bg.jpg) no-repeat center top;}
a {
    color: #FFF;
    font: 25px/1.5 "微软雅黑";
    font-weight: bolder;
    text-decoration: none;
}
.box {
    width: 850px;
    height: 500px;
    margin: 60px auto;
}/*对外包裹进行设置*/
.box .link {
    width: 200px;
    height: 300px;
    margin: 0 40px;
    float: left;
} /*统一所有按钮的外观，并添加浮动效果，使其水平排列*/
.link .icon {
    display: inline-block;
    width: 100%;
    height: 195px;
}/*设置图标的大小，使 span 内联元素具有块级元素的属性*/
```

③ 由于每个按钮中的图标均不同，所以针对每个按钮引入不同的背景图像，CSS 代码内容如下。

```
.link_map .icon {background: url(map.png) no-repeat center center;}
.link_plan .icon {background: url(plan.png) no-repeat center center;}
.link_movie .icon {background: url(movie.png) no-repeat center center;}
```

④ 保存当前文档，通过浏览器预览的效果如图 7-13 所示。下面为图标增加动画效果。

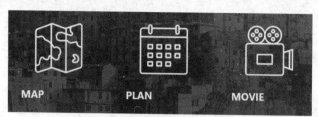

图 7-13 "幽灵按钮"预览效果

⑤ 由之前的分析可知，图标的效果为"鼠标悬停后，图标旋转 360°，并伴随放大效果"，针对具体的动态效果，这里拟使用伪类和 transform 属性解决问题，具体代码如下。

```
.link .icon:hover {
    transform: rotate(360deg) scale(1.2);
    -ms-transform: rotate(360deg) scale(1.2);
    -webkit-transform: rotate(360deg) scale(1.2);
} /*旋转 360°，并放大 1.2 倍*/
```

⑥ 通过预览可以发现，图标仅仅有放大效果，没有旋转效果，且动态效果僵硬，没有平滑的感觉。为了解决这个问题，拟采用 transition 属性解决问题。需要特别说明的是，transition 属性应该属于元素的默认属性，不应该书写在鼠标触发事件中，即应该写在".icon"类规则中，不应该写在".icon:hover"中。所以，将".icon"类规则修改为如下内容。

```
.link .icon {
    display: inline-block;
    width: 100%;
    height: 195px;
    transition: all 0.3s linear;/*此处是新增的 CSS 样式规则*/
}
```

⑦ 保存当前文档，通过浏览器预览即可看到效果。

⑧ 为图标下方的镂空按钮编写对应的 CSS 样式规则，并使用伪类添加动态效果，具体内容如下。

```
.button {
    display: block;
    width: 166px;
    height: 50px;
    line-height: 50px;
    border: 2px solid rgba(255,255,255,0.5);
    padding-left: 25px;
    margin: 0 auto;
    background: url(right_arrow.png) no-repeat 150px center;
    transition: all 0.4s ease;/*该属性不应写在鼠标触发事件中，而应该属于容器的默认
属性*/
}
.button:hover {
    border: 2px solid rgba(255,255,255,1);
    background-position: 165px center;
}/*鼠标悬停后，边框颜色和背景图像位置发生变化*/
```

> 边框默认外观：边框宽2px，颜色为白色，且带有50%的透明度

> 载入装饰性"箭头"，使用图像定位将其放在距左边框150px的位置

> 当前容器的属性带有0.4秒的过渡时长及ease过渡效果

⑨ 保存当前文档，通过浏览器预览的效果如图 7-14 和图 7-15 所示。

图 7-14　鼠标未悬停在镂空按钮上的效果　　　　图 7-15　鼠标悬停在镂空按钮上的效果

至此，CSS3 中有关动画、过渡的知识已经向读者讲解完了，请读者在实践的过程中注意体会 transition 属性和 transform 属性的使用方法和应用场景。

7.4　CSS3 选项卡

在实际工作中，选项卡是非常常见的版面布局类型，当要传达的内容较多且受版面面积限制时，通常采用选项卡来解决此类问题。访问者将鼠标悬停或单击某个选项卡标题时，选项卡自动切换至该标题所对应的内容，常见的选项卡如图 7-16 所示。

微课视频

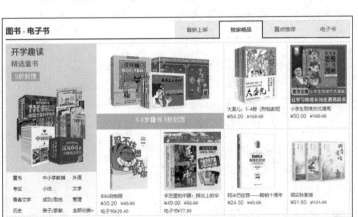

图 7-16　"当当网"首页选项卡版面布局

无论选项卡的内容如何复杂，其基本结构和实现思路都有相似之处。为了便于读者清晰地理解选项卡，这里将选项卡包含的内容进行简化，只保留其结构，向读者介绍 CSS3 选项卡的实现方法。

【demo7-6】CSS3 选项卡

（1）选项卡结构分析

本案例最终要实现的 CSS3 选项卡如图 7-17 所示。通过仔细观察预览效果可以发现：整个板块和内容区域分割均使用 1 像素细线；选项卡头部文字为蓝色，且包含浅灰色底纹；选项卡主体内容背景颜色为白色；鼠标悬停在选项卡标题上时，其内容自动切换，

图 7-17　CSS3 选项卡最终预览效果

且有细微的延迟效果；所有超链接悬停时字体颜色为橘黄色。

通过上述的体验反馈，这里可以对选项卡结构做以下几方面的构思：需要一个对选项卡进行全局控制的容器；需要独立的 DIV 容器作为选项卡头部区域，且头部区域的标题使用无序列表实现；需要 5 个 DIV 容器（因为本案例中选项卡个数为 5）分别盛放每个选项卡的具体内容，需要时只显示 1 个 DIV 容器，其余 4 个隐藏；选项卡切换的过程需要 JavaScript 的支持。通过大致的分析和思考，这里给出具体的结构分析示意图，如图 7-18 所示。

（2）选项卡结构的搭建与实现

① 根据上述分析过程，使用 Dreamweaver 创建 HTML5 文档，并在其中搭建结构，具体代码如下。

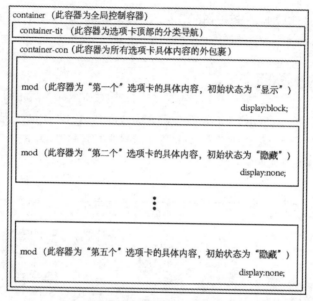

图 7-18　CSS3 选项卡结构分析示意图

```html
<div id="container" class="container">
  <div id="container-tit" class="container-tit">
    <ul>
      <li class="select"><a href="#">汽车</a></li>
      <li><a href="#">青年</a></li>
      <li><a href="#">体育</a></li>
      <li><a href="#">游戏</a></li>
      <li><a href="#">公益</a></li>
    </ul>
  </div>
  <div id="container-con" class="container-con">
    <div class="mod" style="display:block;">
    <ul>
      <li><a href="#">车辆长期停放 燃油车和电动车各要注意哪些问题？</a></li>
      <li><a href="#">为年轻人打造舒适的车内空间</a></li>
      <li><a href="#">冬季养车技巧多 越野车却有别样玩法</a></li>
      <li><a href="#">新款斯柯达明锐将搭载全新辅助和车载互联系统</a></li>
    </ul>
```

```
    </div>
    <div class="mod" style="display:none;">
      <ul>
        <li><a href="#">推动老字号企业数字化转型，营造消费新场景</a></li>
        <li><a href="#">青年研究所：人人都有的牛仔裤，是怎么流行起来的?</a></li>
        <li><a href="#">从理想主义走向实用主义：Web 3.0 的八大趋势</a></li>
        <li><a href="#">现代青年迷恋的"中国制造"</a></li>
      </ul>
    </div>
    <div class="mod" style="display:none;"><!--这里是"第三个"选项卡，内容省略--></div>
    <div class="mod" style="display:none;"><!--这里是"第四个"选项卡，内容省略--></div>
    <div class="mod" style="display:none;"><!--这里是"第五个"选项卡，内容省略--></div>
  </div>
</div>
```

② 保存当前文档，在 head 区域创建内部样式，主要代码片段如下所示。

```
<style type="text/css">
* {margin: 0;padding: 0;list-style: none;}
body {font: 14px/1.5 "微软雅黑";}
a {text-decoration: none;color: #333;}
.container {
    width: 298px;
    height: 150px;
    margin: 50px auto;
    border: 1px solid #b4b4b4;/*最外层包裹边框颜色*/
    overflow: hidden;
}
.container-tit {
    height: 27px;
    position: relative;
    background: #AFAFAF;
}/*设置选项卡头部背景颜色和高度*/
</style>
```

③ 继续美化选项卡头部内容，将无序列表设置为绝对定位，列表项设置为浮动，具体代码如下所示。

```
.container-tit ul {
    position: absolute;
    width: 300px;
    left: -1px;
}
.container-tit li {
    float: left;
    width: 58px;
    height: 26px;
    line-height: 26px;
    font-size: 14px;
    text-align: center;
    overflow: hidden;
    padding: 0 1px;
    background: #F7F7F7;/*tab 选项卡头部背景颜色*/
```

```
        border-bottom: 1px solid #b4b4b4;
}
.container-tit li a {
        color: #07d;
        font-size: 16px;
        font-weight: bolder;
}
.container-tit ul li a:hover {
        text-decoration: none;
}
```

④ 保存当前文档，通过浏览器预览的效果如图 7-19 所示。

⑤ 接着编写鼠标悬停在选项卡标题上的 CSS 样式，具体内容如下。

```
.container-tit li.select {
        background: #FFF;
        border-bottom-color: #FFF;/*底边框为白色，与背景同色，看起来像没有一样*/
        border-left: 1px solid #b4b4b4;
        border-right: 1px solid #b4b4b4;
        padding: 0;
        font-weight: bolder;
}
.container li a:hover {
        color: #F60;/*所有超链接悬停时的颜色*/
        text-decoration: underline;
}
```

⑥ 保存当前文档，通过浏览器预览的效果如图 7-20 所示。

图 7-19　CSS3 选项卡预览效果（1）

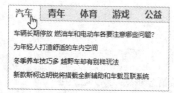

图 7-20　CSS3 选项卡预览效果（2）

⑦ 为每个选项卡包含的具体内容区域编写 CSS 样式规则，代码如下。

```
.container-con .mod {
        padding: 10px;
}/*由于当前容器宽度和高度自适应，所以设置内边距参数，使得选项卡具体列表内容与父级容器间产生距离，
让文字看起来向内收缩，比较美观*/
.container-con .mod ul li {
        width: 286px;
        height: 25px;
        line-height: 25px;
        font-size: 12px;
        overflow: hidden;
}
```

⑧ 保存当前文档，并在当前页面中添加 JavaScript 脚本，使得鼠标悬停在选项卡标题上时可以切换到对应的内容。至此，CSS3 选项卡外观的制作全部完成。由于篇幅有限，这里不再讲述 JavaScript 脚本的编写过程，请读者查看源文件。

从整个实现过程可以体会到，所有 CSS 样式中最难的是各种宽度、高度和边框颜色的设置和换算。为了让读者理解选项卡外观实现的细节，这里给出对应的细节放大示意图，如图 7-21 所示，以方便读者深入理解 CSS 样式代码。

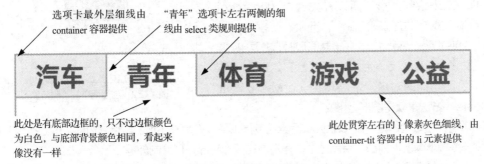

图 7-21　细节放大示意图

7.5　HTML5 Canvas

Canvas 是 HTML5 新增的重要对象，canvas 元素用于图形的绘制，它像所有的 DOM 对象一样有着自己本身的属性、方法和事件，并且不需要在浏览器中安装插件。可以说，Canvas 为在浏览器中绘制图形和制作动画提供了一种可选方案，并与现有的 Flash 技术不冲突，两者有不同的适用环境。

在页面标签中，<canvas>标签仅是图形容器，要想绘制各类图形，还需要通过 JavaScript 脚本来完成。目前，以 Canvas 为主进行开发的商业案例较少，也有很多程序员认为 Canvas 很难使用，这或许与编写代码量的开发成本有关。为此，本节只是对该类知识做拓展性介绍，至于更多的知识，读者可以查阅其他资料。

7.5.1　创建画布并绘制简单图形

【demo7-7】创建画布并绘制简单图形

① 在 HTML5 中，通过<canvas>标签创建画布，简单的实例代码如下所示。

```
<body>
<canvas id="myCanvas" width="300" height="200"></canvas>
</body>
```

需要说明的是，在<canvas>标签的各种属性中，必须包含 id 属性，因为 JavaScript 脚本中经常会使用该属性。此外，width 和 height 属性也是必不可少的，它主要用于定义画布的大小。

② canvas 元素本身是没有绘图能力的，所有的绘制工作必须在 JavaScript 内部完成，具体代码如下。

```
<script>
var c=document.getElementById("myCanvas");
var ctx=c.getContext("2d");
ctx.fillStyle="#FF0000";
ctx.fillRect(50,20,150,75);
</script>
```

③ 保存当前文档，通过浏览器预览的效果如图 7-22 所示。

通过阅读上述 JavaScript 脚本可知，使用 Canvas 绘制图形时需要经过以下几个步骤。

（1）获取 canvas 元素。由于需要调用 canvas 元素提供的方法来绘制图形，所以首先通过 document. getElementById 方法获取 canvas 元素。

（2）创建 context 对象。在绘制图形时，需要用到图形上下文（graphics context），图形上下文是一个封装了很多绘图功能的对象。需要使用 canvas 元素的 getContext 方法来获得图形上下文。

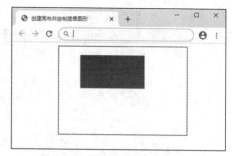

图 7-22　创建画布并绘制简单图形

（3）填充与绘制边框。用 canvas 元素绘制图形时，有填充（fill）与绘制边框（stroke）两种方式。填充是指填满图形内部，绘制边框是指不填充图形内部，仅绘制外框。

本案例中的 fillStyle 属性用于指定填入对象的颜色值，fillRect 方法用来绘制矩形，并指定矩形的坐标位置和宽高属性。

7.5.2　Canvas 坐标系统、线条与圆形

1. 坐标系统

图形上下文基于屏幕的标准进行绘制，它采用平面的笛卡儿坐标系，左上角为原点（0,0），示意图如图 7-23 所示。当对象向右移动时，x 坐标值会增加；当对象向下移动时，y 坐标值会增加。

例如，在案例【demo7-7】中的 fillRect 方法拥有的参数"（50,20,150,75）"指的是在画布上绘制 150×75 大小的矩形，从坐标为（50,20）的点开始画起。

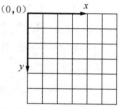

图 7-23　图形上下文的笛卡儿坐标系

2. 线条

要绘制一条路径，首先需要在图形上下文中调用 beginPath 方法做好绘画准备，然后调用 moveTo 方法绘制路径的起点坐标，再调用 lineTo 方法设置线条的终点坐标，接着调用 closePath 方法完成路径的绘制，最后使用 stroke 方法绘制路径的轮廓。将上述过程放在一起，就得到了下面的代码。

【demo7-8】绘制线条

```
<body>
<canvas id="myCanvas" width="300" height="200"></canvas>
<script>
var c=document.getElementById("myCanvas");
var ctx=c.getContext("2d");
ctx.beginPath();//开始路径
ctx.moveTo(20,20);//设置起点
ctx.lineTo(256,180);//设置终点
ctx.closePath();//结束路径
ctx.stroke();//绘制路径轮廓
</script>
</body>
```

保存当前文档，通过浏览器预览的效果如图 7-24 所示。

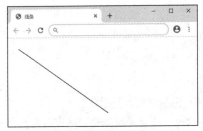

图 7-24　绘制线条

3. 圆形

在 Canvas 中绘制圆形与绘制线条有很大的区别，由于圆形是非常复杂的形状，所以 Canvas 中并没有专门绘制圆形的方法，但是可以通过绘制多个首尾相连的圆弧来实现圆形的绘制。创建圆弧的语法如下。

```
arc(x,y,radius,startAngle,endAngle,counterclockwise)
```

这里涉及 6 个参数，其含义依次为：圆弧原点的 (*x*, *y*) 坐标值、圆弧半径、开始角度、结束角度和布尔值，如果圆弧按照逆时针方向绘制，那么它为 true，否则为 false。

【demo7-9】绘制圆形

```
<body>
<canvas id="myCanvas" width="400" height="300"></canvas>
<script>
 var c = document.getElementById("myCanvas");
 var ctx = c.getContext("2d");
 ctx.lineWidth = 3;//圆形线条的粗细程度
 ctx.strokeStyle = "#FF0000";
 ctx.beginPath();
 ctx.arc(210, 130, 60, 0, Math.PI * 2, false);//红色圆形
 ctx.stroke();
 ctx.strokeStyle = "#013ADF";
 ctx.beginPath();
 ctx.arc(280, 130, 60, 0, Math.PI * 2, false);//蓝色圆形
 ctx.stroke();
 ctx.strokeStyle = "#e6e600";
 ctx.beginPath();
 ctx.arc(245, 70, 60, 0, Math.PI * 2, false);//黄色圆形
 ctx.stroke();
 </script>
</body>
```

保存当前文档，通过浏览器预览的效果如图 7-25 所示。

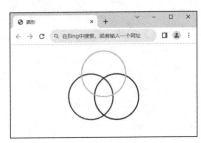

图 7-25　绘制圆形

7.6 课堂动手实践

【思考】

1. 什么是 CSS Sprite 技术？它的优缺点又是什么？

2. 在使用 CSS Sprite 技术时，背景图像的参照原点在哪里？当对象向左移动和向下移动时，background-position 属性如何取值？

3. Webkit 引擎支持的 CSS 渐变语法是什么？

4. CSS3 动画设计中主要涉及哪两个关键的属性？

5. 简述使用 Canvas 绘制图形的大致过程。

【动手】

1. 访问 "iconfont" 站点，下载 4 个图标，使用 Photoshop 将这 4 个图标拼合在一张 PNG 图像上。然后，使用 CSS Sprite 技术实现图 7-26 所示的导航。

图 7-26 使用 CSS Sprite 技术实现的导航

2. 访问 "太平洋电脑网"，仿照主页下方的局部板块制作 CSS3 选项卡，如图 7-27 所示。

图 7-27 "太平洋电脑网"主页的 CSS3 选项卡布局

第8章

PC端典型页面的设计与实现

【本章导读】

从效果图到页面的实现过程是检验 Web 前端工程师综合能力的重要环节。在整个工作过程中，Web 前端工程师需要与 UI 设计师多次沟通，才能保证效果图被高质量地还原为 Web 页面。本章主要从工作过程出发，依托 PC 端典型的页面版式，向读者介绍 Photoshop 在 Web 前端环境下的常见操作及整个 Web 页面的实现过程。

【学习目标】

- 掌握 Photoshop 切片并输出的操作方法；
- 巩固导航和图文列表的实现方法；
- 体会实现从效果图到 Web 页面的整个工作过程。

【素质目标】

- 引导学生树立崇高的理想信念，促使学生不断提升思维能力；
- 引导学生打开思路，践行创新精神和创新思维方式。

【思维导图】

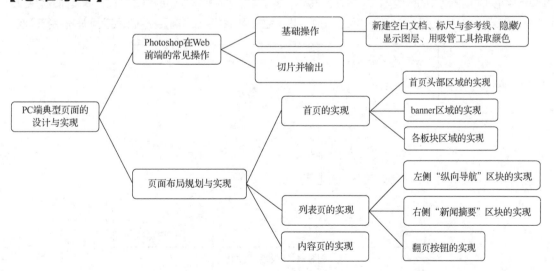

8.1 Photoshop 在 Web 前端的常见操作

在当今互联网产品越来越多元化的时代，产品设计从早期的设计与开发之间的协作，演变成同时肩负着传承品牌价值的重任。在多元化的产品当中，无论何种设计，最终都要以 Web 前端工程师能否借助技术手段来实现为前提，对于那些"特别个性化"的效果设计，只会给整个项目带来困扰，所以前期的效果设计非常重要。

微课视频

在实际工作中，从产品经理提出需求开始，到开发完成上线，整个过程可以看作是一个产品的迭代周期。在周期内会有很多角色分工，页面效果图的整体设计与制作一般由 UI 设计师完成，而 Web 前端工程师需要完成的工作是将 UI 设计师设计的效果图，根据需要通过 Photoshop 进行简单操作（如吸取颜色、切片和输出等），选取页面的部分内容，通过代码编辑器完成页面的制作过程。

8.1.1 基础操作

整个页面效果图的制作会涉及多种软件，但最常见的莫过于 Photoshop。这里由于篇幅有限，仅向读者粗略介绍 Web 前端工程师需要掌握的有关 Photoshop 的基本知识和操作，至于整个页面的设计与制作，请读者自行学习。

1. 新建空白文档

项目开发初期需要对页面大小进行规划，就目前而言，PC 端页面以宽屏为主流，而垂直方向则根据项目内容多少自动增减。使用 Photoshop 新建一个空白文档的过程如下。

① 启动 Photoshop，按下组合键 Ctrl+N，在弹出的"新建文档"对话框中设置宽度为 2880 像素，高度为 2840 像素，分辨率为 72 像素/英寸（1 英寸=2.54 厘米），如图 8-1 所示。

② 单击"创建"按钮即可完成文档的创建。需要注意的是，此处的页面宽度为 2880 像素，是为了满足目前 PC 端宽屏的效果需求，在设计过程中能够实时把握宽屏显示的整体效果，而其他的宽度如 2560 像素、1920 像素、1440 像素和 1360 像素也是常用文档尺寸，需要根据项目实际情况另行确定。

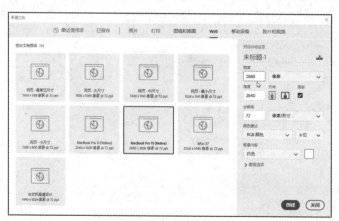

图 8-1　新建空白文档

2. 标尺与参考线

（1）标尺

标尺的用途是确定图像的位置，打开或隐藏标尺的组合键是 Ctrl+R。当显示标尺后，标尺会出现在窗口的顶部和左侧，默认状态下，标尺的原点位于窗口的左上角，如图 8-2 所示。若想更改标尺显示的单位（如由厘米改为像素），只需双击标尺，在弹出的对话框中设置"单位"参数即可。

（2）参考线

将光标移至垂直标尺上，按住鼠标不放并向右拖曳，即可拖曳出一条垂直参考线，如图 8-3 所示。此外，选择移动工具 ，将光标移至参考线上，拖曳鼠标即可移动参考线。

图 8-2　标尺

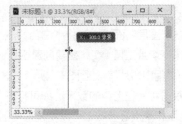
图 8-3　拖曳出参考线

3. 隐藏/显示图层

在 Photoshop 中可以创建多种类型的图层，每种类型的图层有着不同的功能和用途，用户可以通过"图层"面板中的按钮来管理图层，如图 8-4 所示。

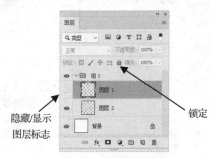
图 8-4　隐藏/显示图层

4. 用吸管工具拾取颜色

在 Photoshop 左侧工具栏中选择吸管工具 ，将光标移至图像上，单击鼠标，即可拾取单击点的颜色并将其作为前景色，如图 8-5 所示。

单击左侧工具栏中的前景色图标，即可打开"拾色器（前景色）"对话框，在该对话框的底部可以查看到之前拾取的颜色值，如图 8-6 所示。本案例中的颜色值为"#0e59d1"，该值可以使用在 CSS 样式的 background 属性中，例如".banner { background: #0e59d1; }"。

图 8-5　拾取颜色

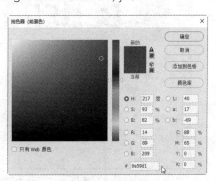
图 8-6　查看颜色值

8.1.2 切片并输出

Web 前端工程师在还原 Web 页面时，并非将效果图上的所有元素都进行切片输出，而是先对效果图进行分析，优先使用 CSS 样式实现页面效果，对于那些特殊的字体、特效、Logo 等元素才使用切片工具分割图像，最后输出为适合 Web 传输的图像格式。

① 使用 Photoshop 打开"ch08-Logo.psd"文件。

② 在"图层"面板中，将"白色背景"图层设置为"隐藏"，使得效果图背景处于透明状态。

③ 选择切片工具 ，在要创建切片的区域上单击鼠标左键并拖曳出一个矩形框，释放鼠标即可创建一个"用户切片"，如图 8-7 所示，这里对 Logo 进行切片处理。

④ 双击切片左上角的数字，即可打开"切片选项"对话框，如图 8-8 所示。在该对话框中，通过设置宽度和高度等参数，可以精确切割图像。

图 8-7　创建切片

图 8-8　"切片选项"对话框

⑤ 待所有设置完成后，在菜单栏中执行"文件"→"导出"→"存储为 Web 所用格式"命令，弹出图 8-9 所示的对话框。

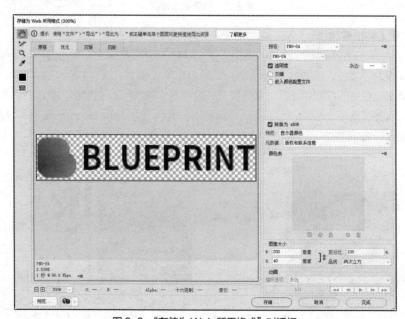

图 8-9　"存储为 Web 所用格式"对话框

⑥ 在该对话框右上角的下拉菜单中选择存储格式为"PNG-24",最后单击"完成"按钮,即可将指定的切片输出。

8.2 页面布局规划与实现

前面已经对 Photoshop 的基础操作进行了粗略讲解,下面向读者介绍 Web 前端工程师拿到站点效果图后的思维过程及具体操作。

假设 UI 设计师根据用户需求,并结合当前流行趋势,已经对 PC 端版面进行了设计,最终效果图如图 8-10 所示。

从图 8-10 中可以发现,当前版式设计内容区块分明,且多处运用左右超宽的设计理念,虽然源文件宽度为 2880 像素,但并不意味着站点内容区域的宽度也要 2880 像素。通过查看源文件中的参考线可知,用于显示内容的主体区域宽度为 1200 像素,究其原因是 1200 像素能够兼顾几乎所有大、中、小的显示屏幕。在实际工作中,是否使用 1200 像素宽度作为页面主体区域宽度,需要根据项目实际情况而定,而其他 1440 像素宽度、1366 像素宽度和 1280 像素宽度,也是不错的选择。

再次从全局角度观察当前效果图的版面布局,初步分析出各个板块拟采用的结构,示意图如图 8-11 所示。通过与 UI 设计师交流得知,现有版面使用了统一的标准规范,即标准色使用#0e59d1,辅助色使用#5292f8,字体选用"微软雅黑",字体正文标准色使用#2E2E2E,文章标题标准色使用#727272。后续,Web 前端工程师在完成页面制作过程中,将频繁使用上述标准规范。

图 8-10 站点首页效果图

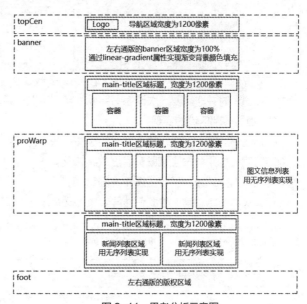

图 8-11 思考分析示意图

8.2.1 首页的实现

1. 各项准备工作

① 使用 Dreamweaver 创建站点,并在站点中创建"images""style"和"psd"文件夹,用于放置各类文件。

② 创建空白 HTML5 文档和空白 CSS 文档，并将其链接起来。

③ 再次从全局角度考虑整个站点页面可能会使用到的基本 CSS 样式，作为初始化内容写在"style.css"文件中，具体代码如下。

```
body, h1, h2, h3, p, ul, ol, li, span, b {margin: 0;padding: 0;}/*清除内外边距，统
一各浏览器默认参数*/
body {font: 14px/1.5 "微软雅黑";color: #2e2e2e;} /*初始化字体样式*/
h1, h2, h3, h4, h5, h6, b, strong {font-size: 100%;font-weight: normal;}
ul, li {list-style: none;} /*清除列表项外观*/
a {text-decoration: none;} /*设置超链接初始无下划线效果*/
.fl {float: left;} /*向左浮动*/
.fr {float: right;} /*向右浮动*/
.clearfix:after {
  content: ".";
  display: block;
  height: 0;
  visibility: hidden;
  clear: both;
} /*清除浮动*/
.clearfix {zoom: 1;}
.pr {position: relative;}/*相对定位*/
.pa {position: absolute;}/*绝对定位*/
.wfixed {
  width: 1200px;
  margin: 0px auto;
  padding: 0px;
} /*定义全局固定宽度*/
```

由于页面盛放内容的实际宽度为1200像素，而且该宽度经常用到，所以这里将该宽度写入".wfixed"类规则中，当页面用到时直接调用即可

需要说明的是，CSS 样式初始化规则绝大多数是从整个站点全局出发，提炼各种常用的规则放置其中，在编写时并非需要一次性编写完成，完全可以在后期添加常用的类规则。

2. 首页头部区域的实现

根据之前的布局分析，整个页面的板块有些具有宽度为 100%的通屏效果，有些则具有 1200 像素固定宽度。如果同一区域既有通屏效果，又有固定宽度属性，则可以创建两个嵌套的容器，外部容器宽度设置为 100%，子容器设置为固定宽度。

首页头部区域就是这种既有通屏效果，又有固定宽度属性的区域，具体分析如图 8-12 所示。

容器topCen 宽度为100%，横向贯穿整个屏幕　　Logo 图标，为了方便控制，使用固定宽度的容器进行包裹　　固定宽度的横向导航

图 8-12 首页头部区域分析示意图

① 根据上述分析，此部分主体结构如下所示。

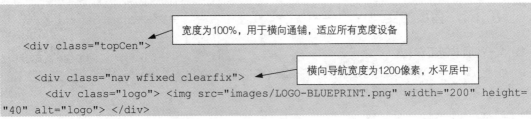

```
<div class="topCen">

  <div class="nav wfixed clearfix">
    <div class="logo"> <img src="images/LOGO-BLUEPRINT.png" width="200" height="40" alt="logo"> </div>
```
宽度为100%，用于横向通铺，适应所有宽度设备
横向导航宽度为1200像素，水平居中

```html
    <ul>
      <li><a href="#">首页</a></li>
      <li><a href="#">所有产品</a></li>
      <li><a href="#">插件市场</a></li>
      <li><a href="#">新闻资讯</a></li>
      <li><a href="#">成功案例</a></li>
      <li><a href="#">问答社区</a></li>
    </ul>
  </div>
</div>
```

② 切换到 style.css 文件，创建对应的 CSS 样式规则，具体代码如下。

```css
.topCen {width: 100%;padding: 16px 0px;} /*顶部区域控制*/
.logo {float: left;}
.logo img {margin-right: 100px; padding-top: 6px;} /*公司 Logo 控制*/
.nav li {float: left; padding: 0 13px;} /*浮动使得列表变为横向*/
.nav li a {
  display: block;
  width: 120px;
  height: 52px;
  line-height: 52px;
  color: #2e2e2e;          ◀—— 使用UI设计师前期确定的颜色规范
  font-size: 18px;
  text-align: center;
} /*设置导航文字链接效果*/
.nav li a:hover {color: #0e59d1;font-weight: bold;}/*为鼠标悬停增加效果*/
```

③ 保存当前文档，通过浏览器预览即可看到效果。

3. banner 区域的实现

banner 区域一般采用左右自动轮播图或静态图像展示的形式作为站点的宣传窗口。自动轮播效果由 JavaScript 脚本实现，也可以使用第三方插件 Swiper 实现，为了不增加读者的学习难度，有关 Swiper 插件的使用方法将在后续章节讲解，这里先采用静态图像展示的形式进行示例。

① 在 index.html 文档中插入存放 banner 区域内图像的容器，并编写 CSS 样式规则，具体代码如下。

```html
<div class="topCen">这里省略部分代码，仅作为结构层次参考用</div>
<div class="banner">        ◀—— 宽度为100%，横向通铺，适应所有宽度设备

  <div class="icompany wfixed">
    <div id="banner-top" class="fl">
      <h1>用可靠的技术解决方案鼓励创新 </h1>
      <p>Encourage innovation with trusted Technology Solutions</p>
      <a href="#">了解更多</a><a href="#">加入我们</a> </div>
    <div id="banner-img"><img src="images/banner-img.png" width="600" height="550"
alt=""/></div>        ◀—— 用于盛放banner区域内的图像
  </div>
</div>
```

② 切换到 style.css 文件，创建对应的 CSS 样式规则，具体代码如下。

```css
.banner {
  width: 100%;
```

```
  height: 500px;
  margin: 0px auto;
  background: linear-gradient(to right bottom, #0e59d1, #5292f8);
} /*设置 banner 区域的渐变背景颜色*/
.icompany { padding: 25px 0px;}/*设置此区域内边距*/
#banner-top { margin: 140px 50px 0 50px;}/*设置 banner 区域中的文字位置*/
#banner-top h1 {color: #FFFFFF;font-size: 36px;font-weight: bold;}/*设置标题样式*/
#banner-top p {color: #ffffff;font-size: 18px;}/*设置段落样式*/
#banner-top a {
  display: block;
  float: left;
  margin: 20px 50px 0 0;
  width: 90px;
  height: 30px;
  border: 1px solid;
  border-radius: 20px;
  line-height: 30px;
  color: #ffffff;
  padding: 4px;
  text-align: center;
} /*设置 banner 区域中圆角按钮的外观与位置*/
#banner-img img {width: 500px;height: 440px;}/*设置 banner 区域右侧主图的位置*/
```

③ 保存当前文档，通过浏览器预览即可看到效果。

4. "核心特色"板块的实现

通过站点首页效果图可以发现，此板块由板块标题及多个排列的容器组成，板块分析示意图如图 8-13 所示，结构布局示意图如图 8-14 所示。

微课视频

包含浮动属性的圆角容器，鼠标悬停时有蓝色背景，白色文字的效果

核心特色 Features

特殊效果的区域，需要使用 Photoshop 切片后备用，放置位置水平居中

容器边缘带有阴影效果

图 8-13 "核心特色"板块分析示意图

图 8-14 "核心特色"板块结构布局示意图

① 在 Photoshop 中打开"ch08 板块文字标题.psd"文件，使用切片工具对即将使用到的"核心特色"特殊效果区域进行切片处理，切片宽 242 像素，高 64 像素，并被重命名为"Features.png"，放置在"images"文件夹下备用。

② 根据分析，在 index.html 文档中插入相互嵌套的容器，并将之前准备好的"aboutTit.jpg"图片插入对应位置，具体代码如下所示。

```
<div class="icompany wfixed">          凡是有固定宽度的容器，可以直接使用wfixed类

   <div class="main-title" ><img src="images/Features.png"></div>
   <div class="features_list clearfix">
     <div class="single-features fl">
       <div class="features-icon"><img src="images/jisu.png" width="200" height=
"200" alt=""/></div>          拟将该容器设置为圆形，用于盛放图标
        <h1>极速、轻巧</h1>
        <p>C++架构，启动速度、大文档打开速度、编码提示，都极速响应</p>
        <a href="#">更多</a> </div>
     <div class="single-features fl">这里代码内容与前一部分相同，省略书写</div>
     <div class="single-features fl">这里代码内容与前一部分相同，省略书写</div>
   </div>
</div>
```

③ 切换到 style.css 文件，创建对应的 CSS 样式规则，具体代码如下。

```
.main-title {text-align: center;} /*设置区域标题居中（公用）*/
.single-features {
  margin: 30px 0 50px 0;
  padding: 0 10px 0 10px;
  width: 330px;
  height: 330px;
  border-radius: 20px;
  margin-left: 40px;
  box-shadow: 2px 2px 30px #eeeeee;
} /*设置核心特色主容器外观（圆角阴影等），左右两侧各预留10像素内边距*/
.single-features:hover {background: #0e59d1;}/*鼠标悬停时，设置底纹变色*/
.single-features:hover h1 {color: white;}/*鼠标悬停容器时，内部h1标签内文字颜色变为白色*/
.single-features:hover p {color: white;}/*鼠标悬停容器时，内部p标签内文字颜色变为白色*/
.single-features:hover a {color: white;}/*鼠标悬停容器时，内部a标签内文字颜色变为白色*/
.features-icon {
  margin: 30px auto;
  width: 75px;
  height: 75px;
  line-height: 75px;
  border-radius: 50%;
  background: #F3F3F3;
} /*设置圆形容器外观与位置，用于存放图像*/
.features-icon img {width: 75px;height: 75px;} /*设置载入图像大小*/
.single-features h1 {
  font-size: 2em;
  font-weight: bolder;
  color: #727272;
  text-align: center;
```

```
}  /*设置标题颜色及位置*/
.single-features p {
  font-size: 1.2em;
  color: #727272;
  text-align: center;
}  /*设置段落文字样式*/
.single-features a {
  display: block;
  margin-top: 20px;
  font-size: 1.2em;
  text-decoration: underline;
  text-align: center;
  color: #0e59d1;
}  /*设置超链接初始外观样式*/
```

④ 保存当前文档，通过浏览器预览即可看到效果。

5. "典型案例"板块的实现

"典型案例"板块主要向访问者展示真实的案例，采用的页面框架结构是标准的"图文混合列表"，板块分析示意图如图 8-15 所示，结构布局示意图如图 8-16 所示。

微课视频

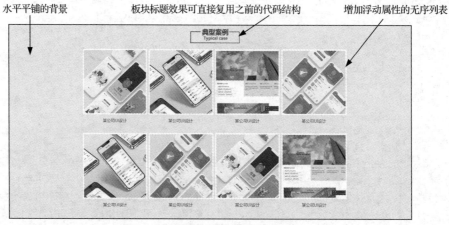

图 8-15 "典型案例"板块分析示意图

图 8-16 "典型案例"板块结构布局示意图

① 根据上述分析，在 index.html 文档中插入相互嵌套的容器，具体代码如下。

```
<div class="proWarp">
  <div class="iproWarp clearfix">
    <div class="main-title" ><img src="images/Typical case.png"></div>
    <div class="ipro_list clearfix">
      <ul class="clearfix">
        <li><a href="#"><img src="images/list-pic-1.jpg" width="290" height=
"286"><span>某公司 UI 设计</span></a></li>
        <!--由于结构相似,这里省略多个 li 标签的内容-->
        <li><a href="#"><img src="images/list-pic-4.jpg" width="290" height=
"286"><span>某公司 UI 设计</span></a></li>
      </ul>
    </div>
  </div>
</div>
```

② 切换到 style.css 文件,创建对应的 CSS 样式规则,具体代码如下。

```
.proWarp {
  width: 100%;
  height: 810px;
  background: #f1f1f1;
  padding: 30px 0px;
}
.iproWarp {width: 1200px; margin: 0px auto;} /*设置当前板块大小*/
.ipro_list ul li {float: left; width: 290px; margin: 20px 4px;} /*设置"典型案例"
板块图片列表浮动效果*/
.ipro_list ul li img {width: 290px;height: 286px;}/*设置"典型案例"板块图片大小*/
.ipro_list ul li span {
  font-size: 1.3em;
  margin-top: 8px;
  display: block;
  text-align: center;
  color: #0e59d1;
} /*设置"典型案例"板块文字标题*/
.ipro_list ul li span:hover {text-decoration: underline;}/*设置"典型案例"板块文字
悬停效果*/
```

③ 保存当前文档,通过浏览器预览即可看到效果。

6. "新闻资讯"板块的实现

"新闻资讯"板块主要陈列各类文字链接,最常见的列表结构是由无序列表组成的,该板块的分析示意图如图 8-17 所示,结构布局示意图如图 8-18 所示。

图 8-17 "新闻资讯"板块分析示意图

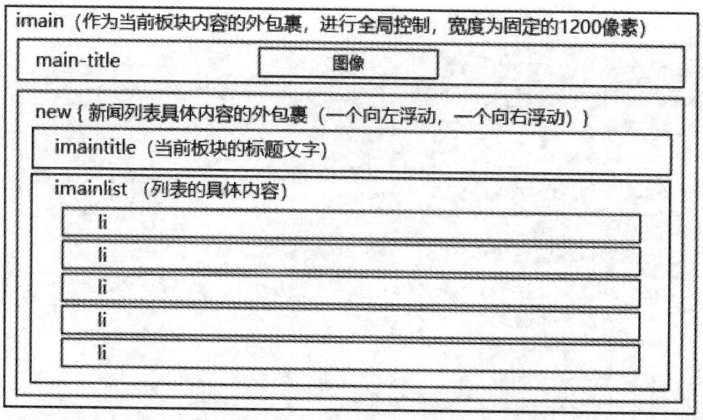

图 8-18 "新闻资讯"板块结构布局示意图

① 根据上述分析，在 index.html 文档中插入相互嵌套的容器，具体代码如下。

```
<div class="imain wfixed clearfix">
  <div class="main-title" ><img src="images/news.png"></div>
  <div class="new fl">
    <div class="imaintitle"> <span><b>NEWS</b>本部新闻</span> </div>
    <div class="imainlist">
      <ul>
        <li><a href="#">【资讯】公司举办"互联网技术分享交流会"<span class="fr">2023-10-16
</span></a></li>
        <!--由于结构相似，这里省略多个 li 标签的内容-->
        <li><a href="#">【资讯】公司组织数据中心应急事件处置应急演练活动 <span
class="fr">2023-10-16</span></a></li>
      </ul>
    </div>
  </div>
  <div class="new fr">由于左右两侧结构相同，这里省略右侧内容</div>
</div>
```

此处容器的内容架构与上述结构相同，设置为向右浮动即可实现既定效果

② 切换到 style.css 文件，创建对应的 CSS 样式规则，具体代码如下。

```
.imain {height: 380px;padding: 30px 0px 20px;} /*设置本板块的全局内边距*/
.imain .new {width: 570px;margin: 20px 0px;} /*设置新闻列表的总宽度*/
.imaintitle {
  height: 22px;
  background: url(../images/aboutBg.jpg) repeat;} /*设置板块的标题背景*/
.imaintitle span {
  color: #0e59d1;
  font-size: 18px;
  font-style: italic;
  background: #fff;
  padding: 0px 5px;
  height: 22px;
  line-height: 22px;
} /*设置板块的标题文字*/
.imainlist {padding-top: 4px;}
.imainlist ul li a {
  display: block;
```

```
   width: 555px;
   height: 38px;
   line-height: 38px;
   color: #676767;
   background: url(../images/newLi.png) no-repeat left center;
   padding-left: 15px;
} /*超链接块状化，并增加列表项左侧图像进行装饰*/
.imainlist ul li a:hover {
   color: #0e59d1;
}
```

③ 保存当前文档，通过浏览器预览即可看到效果。

7. "版权"板块的实现

"版权"板块主要用于放置有关站点的基本信息，如版权链接、ICP 备案号、网络安全备案号及友情链接等内容。

① 本案例中包含的元素内容较少，所以这里直接给出对应的结构代码。

```
<div class="foot">
  <div class="iconta">
    <div class="wfixed">Copyright&copy; www.wufeng.com </div>
  </div>
</div>
```

② 切换到 style.css 文件，创建对应的 CSS 样式规则，具体代码如下。

```
.foot {
   background: #f1f1f1;
   height: 200px;
}
.iconta {
   background: #0e59d1;
   height: 40px;
   line-height: 40px;
   color: #fff;
}
```

③ 保存当前文档，通过浏览器预览即可。

至此，站点首页效果已经由效果图转化为 Web 页面，下面通过模板功能快速创建网站的其他页面。

8.2.2 列表页的实现

本案例的列表页指的是站点的二级页面，其效果如图 8-19 所示。从图中可知，该页面的布局和首页的布局十分相似，不同的是页面中部区域新增了"纵向导航"区块、"新闻摘要"区块及翻页按钮。这里仅向读者介绍列表页特有的板块布局的实现方法，至于与首页相似的区域，请读者参考 8.2.1 小节的操作步骤。

微课视频

1. 列表页中部区域的规划与左侧"纵向导航"区块的实现

列表页中部区域由左侧的"纵向导航"区块和右侧的"新闻摘要"区块组成。这两部分区块可以通过分别创建 DIV 容器，并应用不同的浮动效果来完成，初步的布局示意图如图 8-20 所示。

179

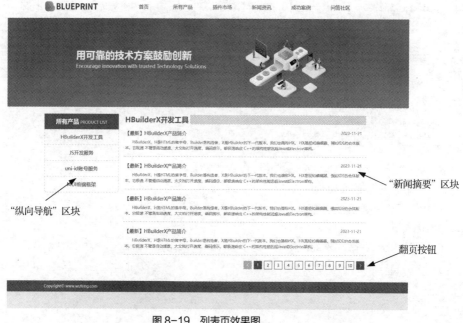

图 8-19　列表页效果图

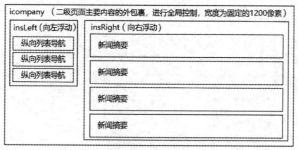

图 8-20　列表页中部区域初步布局示意图

① 根据之前的分析，将"index.html"文件另存为"list.html"文件，删除首页中部区域的代码，保留首页上部和底部的代码。

② 在 list.html 文档中插入相互嵌套的容器，具体代码如下。

```html
<div class="list-banner"></div>  <!--在当前容器后面插入容器，这里仅是参照容器-->
<div class="icompany wfixed clearfix">
  <div class="insLeft fl">
    <div class="pro_tit"><span>所有产品</span><b>PRODUCT LIST</b></div>
    <ul>
      <li><a href="#">HBuilderX 开发工具</a></li>
      <li><a href="#">JS 开发服务</a></li>
      <li><a href="#">uni-id 账号服务</a></li>
      <li class="list-radius"><a href="#">MUI 前端框架</a></li>
    </ul>
  </div>
  <div class="insRight fr"> </div>
</div>
```

此处容器作为右侧"新闻摘要"区块的外包裹出现，后续内容将在此容器内部增加

③ 切换到 style.css 文件，创建对应的 CSS 样式规则，具体代码如下。

```
.insLeft {width: 280px;} /*设置左侧"纵向导航"区块的总宽度*/
.pro_tit {
  color: #fff;
  text-align: center;
  background: #0e59d1;
  height: 56px;
  line-height: 56px;
} /*设置"纵向导航"区块的标题外观*/
.pro_tit span {
  font-size: 22px;
  font-weight: bolder;
  margin-right: 5px;
}
.pro_tit span b {font-size: 18px;}
.insLeft ul li {
  border-left: 1px solid #E7E7E7;
  border-right: 1px solid #E7E7E7;
  border-bottom: 1px solid #E7E7E7;
  background: #FFFFFF;
} /*设置左侧列表边框效果*/
.list-radius {border-radius: 0 0 10px 10px;} /*设置左侧列表最后一行圆角效果*/
.insLeft ul li a {
  display: block;
  height: 56px;
  width: 280px;
  line-height: 56px;
  color: #2E2E2E;
  font-size: 18px;
  text-align: center;
} /*超链接块状化,设置列表项的外观*/
.insLeft ul li a:hover {color: #0e59d1;}
```

④ 保存当前文档,通过浏览器预览即可看到效果。

2. 右侧"新闻摘要"区块的实现

"新闻摘要"区块虽然层级内容较多,但都是之前介绍过的实现思路,为了再次巩固已学知识,这里仅给出此区块的布局示意图,如图 8-21 所示。请读者根据示意图尝试实现此区块的布局,至于更多的细节代码,请读者参考源文件。

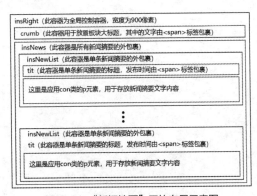

图 8-21 "新闻摘要"区块布局示意图

3. 翻页按钮的实现

翻页按钮是页面中经常出现的功能性按钮，通常由 Web 前端工程师对翻页按钮的外观进行美化，后期再由程序员增加 JavaScript 脚本，实现翻页功能。一般来说，翻页按钮由"上一页""1～10 的数字页码"和"下一页"三部分组成，如图 8-22 所示。

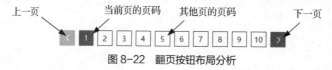

图 8-22　翻页按钮布局分析

从图 8-22 可知，每个翻页按钮水平横向分布，且都有相似的基本外观，这里拟采用无序列表进行基本框架的搭建。至于按钮的外观，则需要根据按钮不同的状态编写对应的 CSS 样式规则，并应用在指定的无序列表项上，从而最终实现既定效果。

① 根据上述分析，可以搭建按钮的基本框架，具体代码如下所示。

```
<div class="cms_page">
    <ul>
        <li class="previous_s">上一页</li>
        <li class="pages_solid">1</li>
        <li class="pages_hollow"><a href="#">2</a></li>
        <li class="pages_hollow"><a href="#">3</a></li>
        <li class="pages_hollow"><a href="#">4</a></li>
        <li class="pages_hollow"><a href="#">5</a></li>
        <li class="pages_hollow"><a href="#">6</a></li>
        <li class="pages_hollow"><a href="#">7</a></li>
        <li class="pages_hollow"><a href="#">8</a></li>
        <li class="pages_hollow"><a href="#">9</a></li>
        <li class="pages_hollow"><a href="#">10</a></li>
        <li class="next"><a href="#">下一页</a></li>
    </ul>
</div>
```

② 切换到 style.css 文件，为翻页按钮编写通用的外观代码，具体如下。

```
.cms_page {margin-top: 20px;text-align: center;}
.cms_page li {
  float: left;
  width: 30px;
  height: 30px;
  line-height: 30px;
  margin: 0px 4px;
} /*无序列表向左浮动，并通过外边距控制按钮左右距离*/
.cms_page li a {
  display: block;
  background: #fff;
  color: #000;
  height: 28px;
  border: 1px solid #000;
  width: 28px;
} /*设置每个按钮的外观*/
.cms_page li a:hover {
  background: #0e59d1;
  color: #fff;
```

```
  border: 1px solid #0e59d1;
} /*鼠标悬停时按钮的外观*/
```

③ 保存当前文档，预览此区域，效果如图 8-23 所示。从图中可以看出，虽然按钮通用外观已经基本呈现，但还有部分特定功能的按钮外观出现错位现象。

④ 为了隐藏"上一页"和"下一页"的文字，通常的做法是设置文字的缩进距离，具体代码如下。

图 8-23　翻页按钮中间过程预览效果

```
.previous_s,.next, .cms_page .previous_s a,.next a {
    text-indent: -9999px;
}/*使用群组选择符对多个元素的文字进行隐藏*/
```

⑤ 分别为不同状态按钮的外观进行设置，具体 CSS 样式如下。

```
.pages_solid {background: #0e59d1;color: #fff;} /*设置当前页状态时按钮外观*/
.cms_page .previous_s {
  background: url(../images/pageCoin.png) no-repeat 11px 8px #b7b7b7;
} /*设置"上一页"按钮外观*/
.cms_page .next a {
  background: url(../images/pageCoin.png) no-repeat -44px 8px #0e59d1;
  border: 1px solid #0e59d1;
} /*设置"下一页"按钮外观*/
.cms_page .next a:hover {
  background: url(../images/pageCoin.png) no-repeat -44px 8px #0e59d1;
} /*设置"下一页"按钮鼠标悬停时外观*/
```

⑥ 保存当前文档，通过浏览器预览即可看到效果。至此，列表页主要区块的实现方法已经介绍完了。

8.2.3　内容页的实现

本案例的内容页指的是站点的三级页面，该页面与之前的二级页面有极大的相似之处，它主要用于显示各类新闻的详细内容，其局部效果图如图 8-24 所示。

微课视频

图 8-24　内容页局部效果图

与之前页面布局相同的区域这里不再讲述其实现过程，仅介绍内容页正文区块的实现方法。

① 根据之前的分析，将"list.html"文件另存为"content.html"文件，删除列表页中"<div class="insRight fr"> </div>"内部的代码。

② 在"<div class="insRight fr"> </div>"内部创建有关正文内容的 DIV 容器，各类容器的作用和搭建思路如图 8-25 所示。

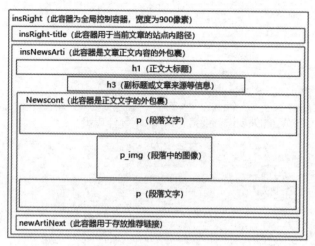

图 8-25　内容页正文内容搭建示意图

③ 根据上述分析过程创建多个相互嵌套的容器，具体代码如下。

```
<div class="insRight fr">
    <div class="insRight-title"> 首页 > 所有产品 > HBuilderX 开发工具</div>
    <div class="insNewsArti clearfix">
      <h1 class="tac">HBuilderX 产品概述</h1>
      <h3><span>作者: wf</span><span>发布时间: 2023-11-21</span></h3>
      <div class="Newscont">
        <p> 这里省略段落文字</p>
        <div class="p_img"><img src="images/p_img.jpg" width="740" height= "472">
</div>
        <p>这里省略段落文字</p>
        ……
        <p>这里省略段落文字</p>
      </div>
  <div class="newArtiNext">
        <div>下一条: <a href="#">【资讯】公司举办"互联网技术分享交流会"</a></div>
        <div class="tag">相关标签: <a href="#">Web 前端</a>,<a href="#">互联网+</a>
</div>
      </div>
    </div>
  </div>
```

④ 切换到 style.css 文件，为对应容器编写代码，具体如下。

```
.insRight-title {font-size: 1.1em;}
.insNewsArti {padding: 16px;}
.insNewsArti h1 {
  text-align: center;
```

```
    font-size: 2em;
} /*设置正文大标题文字的大小*/
.insNewsArti h3 {text-align: center;}
.insNewsArti h3 span {padding: 0px 10px;}
.Newscont {line-height: 2;color: #2e2e2e;} /*设置正文行高和字体颜色*/
.Newscont p {text-indent: 2em;} /*段落文字缩进*/
.p_img {text-align: center;} /*设置在正文中的图像居中*/
.p_img img {width: 60%;height: 60%;}
.newArtiNext {margin-top: 15px;}
.newArtiNext a, .tag a {color: #2e2e2e;}
.newArtiNext a:hover, .tag a:hover {color: #0e59d1;}
```

⑤ 保存当前文档，通过浏览器预览即可看到效果。

至此，整个站点的首页、二级列表页与三级内容页已经全部制作完成。读者从整个制作思路和实现方法中可以体会到，由效果图到 Web 页面的实现过程既复杂又有规律可循。在实现初期，Web 前端工程师需要仔细分析页面效果图，从中拆分出常见的板块，在分析过程中需要考虑容器相互嵌套的层级关系及其承担的功能；实现中期需要先搭建主体框架，再向框架结构中慢慢地添加必要的容器；实现后期需要针对某个容器编写对应的 CSS 样式规则，反复地预览调试。

在实际工作中，每个环节并非一蹴而就，而是边修改边测试，至于分析规划页面的能力和解决问题的能力，只能从经验中获得，而经验背后是无数次的调试和思考，所以希望读者能够多做练习。

8.3 课堂动手实践

参照本章的制作思路，打开本章源文件素材，实现图 8-26 所示的某站点首页。

图 8-26 某站点首页

第 9 章
多设备响应式页面的实现

【本章导读】

在当前 PC 端、手机端、平板设备等多种设备共存的环境下，如何让在不同终端上显示的同一页面传递出统一的视觉风格，是 Web 前端工程师一直追求的目标。随着 CSS 的更新和发展，一种名叫响应式 Web 设计的理念风靡全球。本章将向读者详细介绍响应式页面的实现过程。

【学习目标】

- 了解响应式 Web 设计的相关知识；
- 掌握 viewport 的使用方法；
- 掌握 media query 的基本语法和使用方法；
- 了解响应式框架的基本知识。

【素质目标】

- 面对日益更新的 Web 前端技术知识，培养学生以与时俱进的眼光看待问题；
- 培养学生温故知新和勇于探索实践的学习态度。

【思维导图】

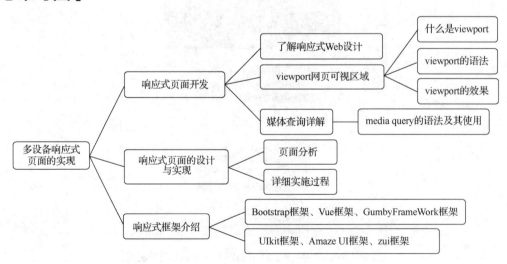

9.1 响应式页面开发

随着移动设备的迅猛发展，用户可以随时随地通过各类设备访问互联网。当前，各类设备与屏幕分辨率不断革新，对于绝大多数 Web 站点来讲，要为每种新设备及分辨率创建其独立的页面版本根本就是不切实际的。那么，是否有另外一种解决方式，可以帮助 Web 前端工程师在开发项目时尽量地兼容更多的设备呢？本节就向读者介绍有关响应式页面开发的相关知识。

9.1.1 了解响应式 Web 设计

1. 基本理念

响应式 Web 设计（responsive web design）的理念是："页面的设计与开发应当根据用户行为及设备环境（系统平台、屏幕尺寸和屏幕定向等）进行相应的响应和调整"。无论用户正在使用的是笔记本计算机还是手机，Web 页面都应该能够自动切换分辨率、图片尺寸及相关脚本功能等，以适应不同设备。换句话说，一个 Web 页面或站点应该有自动响应外部环境的能力，而不是为每个终端做一个特定的版本。

总之，响应式 Web 设计是一种对于设计的全新思维模式，其实现的途径有 viewport、媒体查询等。

2. 优缺点

围绕响应式 Web 设计理念进行页面布局，它的优缺点如下。

（1）响应式布局的优点

① 面对不同分辨率，设备灵活性强。

② 能够快速解决多设备显示适应性问题。

（2）响应式布局的缺点

① 需要为多种设备编写 CSS 代码，效率低下。

② 代码累赘，加载时间加长。

③ 即便使用了响应式布局也不能兼容所有设备，受多方面因素影响而达不到最佳效果。

④ 在多种设备下看到的页面效果会有不同，一定程度上改变了网站原有的布局结构，有可能会出现访问者对网站的辨识度不高的情况。

响应式布局虽然有多种缺点，但不足以掩盖其优点——让访问者能够在多种设备环境下得到良好的体验。

需要特别指出的是，设计者在决定使用响应式布局前，需要了解目标人群的上网方式。如果针对的是桌面端的人群，暂时不要使用响应式布局；如果针对的是移动端的人群，还是有必要使用响应式布局的。

9.1.2 viewport 网页可视区域

1. 什么是 viewport

随着移动端的快速发展，越来越多的 Web 页面需要适配各样的移动终端，而通过 viewport 的设置就可以简单实现同一 Web 页面在多个移动设备上的适配，虽然这种适配不能完美解决页面响应的问题，但对于那些没有过多要求的 Web 页面，还是有效的。

移动设备中的浏览器把页面放在一个虚拟的"窗口"（viewport）中，这个虚拟的"窗口"通常比

微课视频

屏幕宽，这样就不用把整个页面内容压缩到手机屏幕的窗口中，用户可以通过平移和缩放来查看网页的不同部分。

2. viewport 的语法

通常对移动设备优化过的页面 viewport 进行以下设置。

```
<meta name="viewport" content="width=device-width, initial-scale=1.0">
```

该代码的作用是告诉浏览器使用设备屏幕宽度作为内容的宽度，并且忽视初始的宽度设置。viewport 的语法中相关的属性值如下所示。

（1）width：用于控制 viewport 的大小，可以指定为一个具体的值（如 600），也可以为特殊的值（如 device-width，即设备的宽度）。

（2）height：和 width 相对应，指定高度。

（3）initial-scale：初始缩放比例。

（4）maximum-scale：允许用户缩放到的最大比例。

（5）minimum-scale：允许用户缩放到的最小比例。

（6）user-scalable：用户是否可以手动缩放。

3. viewport 的效果

为了让读者直观地感受 viewport 的效果，这里选取同一案例演示在移动端未使用 viewport 和使用 viewport 的效果。

【demo9-1】viewport 的效果

① 使用 Dreamweaver 创建 HTML5 文档，在 body 区域创建标题、段落和图像类型的标签，代码如下所示。

```
<body>
<h1>未使用 viewport</h1>
<p>此处文字省略</p>
<img src="pic-01.jpg">
<p id="cred">
    <strong>Photo credit (CC):</strong> Cia de Foto <a href="#">Flickr Creative
Commons</a></p>
</body>
```

② 在当前页面的 head 区域创建内联样式，具体代码如下。

```
<style>
body {
    font-family: "微软雅黑";
    background: #222;
    color: #eee;
    margin: 20px auto;
    padding: 0 20px;
    max-width:1024px;
}
img {
    border: 0;
    width: 100%;
    display: block;
    max-width: 100%;
}/*图像宽度设置为相对值，能够实现图像的自动缩放*/
#cred {font-size: .7em;color: #aaa;}
```

```
a {color: #fff;}
</style>
```

③ 保存当前文档，通过 PC 端浏览器预览的效果如图 9-1 所示。

④ 按下快捷键 F12 进入开发者模式。在控制台中，单击 🗖 图标按钮，并刷新当前页面，此时页面将模拟手机端预览效果，如图 9-2 所示。

图 9-1　PC 端效果

图 9-2　手机端效果（未使用 viewport）

⑤ 通过模拟手指在屏幕上的放大操作，可以将当前页面放大至原始页面，此时页面效果如图 9-3 所示。

⑥ 在页面 head 区域增加 viewport 的相关设置，具体代码如下。

```
<meta name="viewport" content="width=device-width, initial-scale=1.0">
```

⑦ 保存当前文档，通过浏览器预览的效果如图 9-4 所示。

图 9-3　手机端放大效果（未使用 viewport）

图 9-4　手机端效果（使用 viewport）

通过上述制作过程可以发现，viewport 的使用对页面布局的影响十分明显，为了方便读者理解其含义，这里给出相关示意图，如图 9-5 所示。

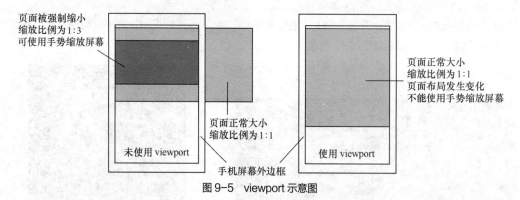

图 9-5　viewport 示意图

总之，当页面没有设置 viewport 时，Web 页面将不经任何处理缩小至手机端屏幕的宽度，而使用 viewport 后，页面没有被缩放，但布局发生了变化。那么，有没有优化的方法来解决页面适配的问题呢？下一小节将向读者介绍有关媒体查询方面的知识。

9.1.3　媒体查询详解

在 CSS 2.1 中就有与响应式相关的样式属性，只不过当时仅定义了各种媒体类型，如显示器、便携设备和电视机等。随着 CSS 的充实和发展，在 CSS3 中加入了 Media Queries 模块，该模块中运行添加媒体查询（media query）表达式，从而用户可以自主地指定媒体类型，然后根据媒体类型来选择应该使用何种样式。

微课视频

到目前为止，Media Queries 模块已经得到 Google 浏览器、Firefox 浏览器、Safari 浏览器和 Opera 浏览器的广泛支持。

1. media query 的语法

媒体查询让 CSS 可以更精确地作用于不同的媒体类型和同一媒体的不同条件。媒体查询的大部分媒体特性都接受 min 和 max，用于表达"大于或等于"和"小于或等于"。通过 media query，可以很方便地在不同的设备下实现丰富的界面，具体语法如下。

```
@media 设备名称 only（选取条件）not（选取条件）and（选取条件），设备二{sRules}
```

这里的设备名称指的是 CSS 中的设备类型，常见的有以下内容。

（1）all：用于所有设备类型。

（2）screen：用于计算机显示器。

（3）projection：用于投影显示，如幻灯片演示。

（4）handheld：用于小型或手持设备。

（5）print：用于打印预览模式。

（6）braille：用于触觉反馈设备。

2. 如何使用 media query

（1）在<link>标签中使用@media

用户可以通过在<link>标签中设置 media 属性来添加 Media Queries 规则，例如下述代码。

```
<link rel="stylesheet" type="text/css" media="screen and (max-width:800px)" href="style-A.css">
```

```
<link rel="stylesheet" type="text/css" media="screen and (max-width:600px)"
href="style-B.css">
```

上述代码的含义是，当设备显示宽度小于或等于 800px 时，页面引用 style-A.css 样式文件渲染页面；当设备显示宽度小于或等于 600px 时，页面引用 style-B.css 样式文件渲染页面。

（2）在样式表中嵌入@media

在样式表中嵌入@media 直接书写即可，例如下述代码。

```
@media screen and (max-width:700px) {
#content {
    background:red;
}
}
```

上述代码的含义是，当设备显示宽度小于或等于 700px 时，名为 content 的容器的背景颜色设置为红色。

【demo9-2】media query

① 使用 Dreamweaver 创建 HTML5 文档，在其中创建如下所示的结构代码。

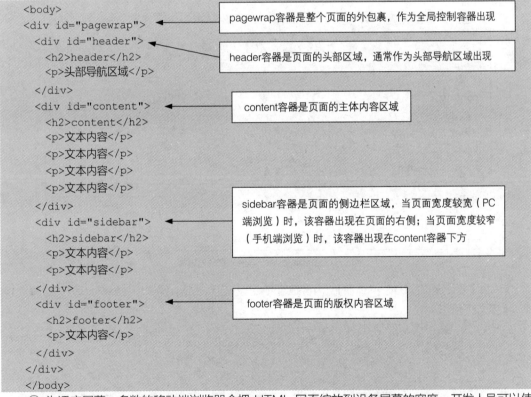

```
<body>
<div id="pagewrap">                     pagewrap容器是整个页面的外包裹，作为全局控制容器出现
  <div id="header">                     header容器是页面的头部区域，通常作为头部导航区域出现
    <h2>header</h2>
    <p>头部导航区域</p>
  </div>
  <div id="content">                    content容器是页面的主体内容区域
    <h2>content</h2>
    <p>文本内容</p>
    <p>文本内容</p>
    <p>文本内容</p>
    <p>文本内容</p>
  </div>
  <div id="sidebar">                    sidebar容器是页面的侧边栏区域，当页面宽度较宽（PC
    <h2>sidebar</h2>                      端浏览）时，该容器出现在页面的右侧；当页面宽度较窄
    <p>文本内容</p>                       （手机端浏览）时，该容器出现在content容器下方
    <p>文本内容</p>
  </div>
  <div id="footer">                     footer容器是页面的版权内容区域
    <h2>footer</h2>
    <p>文本内容</p>
  </div>
</div>
</body>
```

② 为适应屏幕，多数的移动端浏览器会把 HTML 网页缩放到设备屏幕的宽度。开发人员可以使用<meta>标签的 viewport 属性来进一步设置。在当前页面的 head 区域输入以下代码。

```
<meta name="viewport" content="width=device-width, initial-scale=1.0">
```

③ 在当前页面的 head 区域，创建初始化状态下页面的一般性规则，具体代码如下所示。

```
<style type="text/css" media="screen">
#pagewrap, #header, #content, #sidebar, #footer {
    padding: 5px;
    border: 1px solid red;
```

```
    margin-bottom: 5px;
    font-family:"微软雅黑";
}
#pagewrap {width: 1000px;margin: 20px auto;}
#header {height: 130px;background: #FF0;}
#content {width: 650px;float: left;}
#sidebar {
    width: 300px;
    background: #FF0;
    float: right;
}
#footer {clear: both;}
```

④ 保存当前页面文档，通过浏览器预览可知，无论如何缩放浏览器窗口的大小，其页面内容均无变化，如图9-6所示。

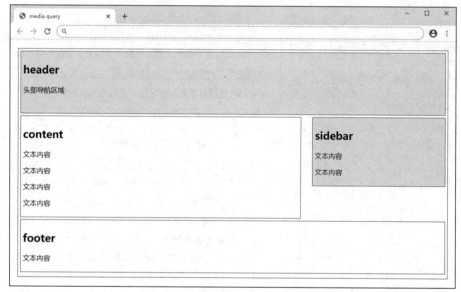

图 9-6   media query 案例初次预览效果

⑤ 为了能让浏览器在缩小的同时，内容跟随窗口大小自动调整，需要单独为其编写 CSS 样式规则，代码如下所示。

```
/*--当设备显示宽度小于或等于1004px时，使用以下规则--*/
 @media screen and (max-width:1004px) {
#pagewrap {
    width: 95%;
}/*设置宽度为显示器宽度的95%*/
#content {width: 65%;}
#sidebar {width: 30%;}
}
```

⑥ 保存当前文档，通过浏览器预览后发现，随着浏览器窗口宽度逐步缩小，其包含的各类容器也在自动地缩小。

⑦ 随着浏览器窗口宽度的进一步缩小，sidebar 容器会发生错位现象。为了让窗口宽度更小时整个版面布局依然保持良好的用户体验，这里需要对 sidebar 容器的位置进行重新设置，具体的 CSS

样式代码如下。

```
/*--当设备显示宽度小于或等于 700px 时，使用以下规则--*/
@media screen and (max-width:700px) {
#content {
    width: auto;
    float: none;
}/*设置容器宽度为自动，即宽度自适应，同时清除浮动属性，各个块级容器纵向排列*/
#sidebar {width: auto;float: none;}
}
```

⑧ 保存当前文档，通过浏览器预览后发现，页面的侧边栏被放置到主要内容区域的下方，页面布局的改变使得浏览者无论是在桌面端还是移动端都能够看到页面的内容，用户体验效果有所改善，如图 9-7 所示。

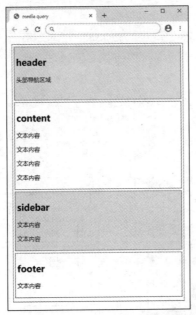

图 9-7　窗口小于或等于 700px 时的预览效果

本案例将页面各板块内部的繁杂内容省略，仅保留板块的区域轮廓，借助 media query 提供的方法，实现了 PC 端（页面最初状态）、平板设备（窗口宽度小于或等于 1004px 时）及手机端（窗口宽度小于或等于 700px 时）三类设备状态间的响应式页面设计。

9.2　响应式页面的设计与实现

在掌握 media query 相关知识的基础上，本节借助响应式 Web 设计的理念，向读者介绍如何制作在 PC 端、平板设备和手机端三类设备中都能自适应的响应式页面。

9.2.1　页面分析

1．划分分辨率临界点

在确定要使用响应式 Web 设计理念开发页面时，需要提前分析主流目标人群

微课视频

所使用的设备分辨率。就本案例而言，将要完成的是"摄影作品分享类"站点的页面，鉴于站点的风格和内容的专业性，锁定的主流访问者是那些使用移动设备的用户。

就目前而言，移动设备的分辨率跨度较大，有媲美 PC 端桌面分辨率的平板设备，还有尺寸大小不一的手机。为了页面开发时更方便操作，这里选取 PC 端、平板设备和手机端为参照设备，锁定的分辨率临界点宽度为 1024px、768px 和 414px，即页面宽度大于 1024px 时，页面适合 PC 端浏览器浏览；显示分辨率小于等于 1024px 并大于 768px 时，页面适合平板设备横屏浏览；显示分辨率小于等于 768px 并大于 414px 时，页面适合平板设备纵向浏览；显示分辨率小于等于 414px 时，页面适合手机端浏览。

2. 确定基本页面

无论响应式页面适合多少种设备，最初都需要确定一个基本页面，当基本页面确定完成后，再根据不同设备编写对应的 CSS 样式规则。编写这些 CSS 样式规则时并不需要将整个页面的规则重新编写，而是修改其中的一部分，使得局部板块变化。

就本案例而言，这里将以平板设备横屏浏览页面作为基本页面，如图 9-8 所示，布局示意图如图 9-9 所示。待基本页面确定完成后，修改相应的 CSS 样式规则，即可得到 PC 端和手机端的布局，如图 9-10 至图 9-13 所示。

图 9-8　屏幕宽度在 768～1024px 时的预览效果

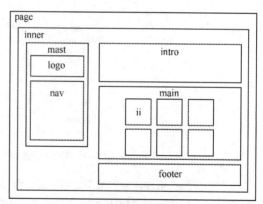

图 9-9　布局示意图（平板设备横屏）

图 9-10　屏幕宽度大于 1024px 时的预览效果

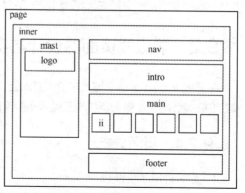

图 9-11　布局示意图（PC 端）

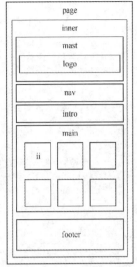

图 9-12　屏幕宽度小于或等于 414px 时的预览效果　　　图 9-13　布局示意图（手机端）

需要提前说明的是，当页面确定要使用响应式布局实现时，其中各个容器的宽度不能再设置为固定值（如"width:200px;"），应该设置为相对值（如"width:58%;"）。所以，本案例在后期制作过程中将多次使用相对值为某个容器宽度赋值。

9.2.2　详细实施过程

1. 准备工作

① 启动 Dreamweaver 创建站点，并在站点中创建用于放置图片的"images"文件夹和放置 CSS 文件的"style"文件夹。

② 创建空白 HTML5 文档，并将该文档重命名为"index.html"。

③ 新建空白 CSS 文档，并将该文档重命名为"style.css"。

④ 将外部样式文件"style.css"链接到"index.html"页面中。

⑤ 在页面的 head 区域插入"<meta name="viewport" content="width=device-width, initial-scale=1.0">"标签，用于告诉终端设备的浏览器使用设备屏幕宽度作为内容的宽度，并且忽视初始的宽度设置。

2. 基本页面中左侧导航的制作

① 依据之前的分析，参照图 9-8 和图 9-9 所示的布局规划，可以给出基本页面中左侧导航相互嵌套的框架结构，具体代码如下。

```
<div id="page">
  <div class="inner">
    <div class="mast"> </div>
  </div>
</div>
```

② 保存当前文档，切换至 style.css 文件，创建页面初始化规则的代码如下。

```
html, body, div, span, h1, h2, h3, h4, h5, h6, p, a, em, font, img, ins, ol, ul,
li {
        margin: 0;
        padding: 0;
```

```
        border: 0;
        outline: 0;
        font-size: 100%;
        vertical-align: baseline;       /*设置元素的垂直对齐方式*/
        background: transparent;        /*设置背景为透明*/
}
body {line-height: 1;}                  /*设置行高为1*/
ol, ul {list-style: none;}              /*清除列表的默认样式外观*/
body {
        background: #E4E4E4 url(../images/bg.png);
        color: rgba(0, 0, 0, 0.82);  /*设置字体颜色和透明度*/
        font: normal 100% "微软雅黑";
        -moz-text-shadow: 0 1px 0 rgba(255, 255, 255, 0.8);
        -webkit-text-shadow: 0 1px 0 rgba(255, 255, 255, 0.8);
        text-shadow: 0 1px 0 rgba(255, 255, 255, 0.8);
        /*设置页面所有文字均有阴影效果*/
        -webkit-text-size-adjust: none;
}
a {
        color: #890101;
        text-decoration: none;
        -moz-transition: 0.2s color linear;
        -webkit-transition: 0.2s color linear;
        transition: 0.2s color linear;
}/*设置超链接颜色和过渡效果*/
a:hover {color: #DF3030;}
p {text-indent: 2em;}/*设置段落缩进2个汉字的距离*/
#page {background: url(../images/rag.png) repeat-x; padding: 2em 0;}
.inner {margin: 0 auto;width: 93.75%;}/*设置页面核心区域居中，宽度为93.75%*/
img {max-width: 100%;}/*设置图像元素最大宽度为原始尺寸的100%*/
.mast {float: left;width: 32%;}
```

③ 在应用 mast 类的 DIV 容器内部使用 h1 元素创建标题，使用 ul 元素创建导航列表。将 h1 元素命名为 logo，并插入图像，将 ul 元素应用 nav 类，此时的页面结构如下所示。

```
<div class="mast">
        <h1 id="logo"><a href="#"><img src="images/logo.png"></a></h1>
        <ul class="nav">
          <li><a href="#">大师作品</a></li>
          <li><a href="#">旅游摄影</a></li>
          <li><a href="#">技法学院</a></li>
          <li><a href="#">热门影赛</a></li>
          <li><a href="#">摄影配件</a></li>
        </ul>
</div>
```

④ 切换到 style.css 文件，创建与列表相关的 CSS 样式规则，代码如下。

```
#logo {background: url(../images/logo-bg.png) no-repeat 50% 0;}
#logo a {padding-top: 100px;height: 162px;display: block;text-align: center;}
ul.nav {margin: 2em auto 0;width: 65%;}/*宽度为父级容器宽度的65%*/
ul.nav a {
```

```
        font: bold 16px/1.2 "微软雅黑";
        display: block;
        text-align: center;
        padding: 1em 0.5em 1em;
        border-bottom: 1px #333333 dashed;
    }
ul.nav a:hover {color: #F00;}
```

需要说明的是，nav 类中的宽度设置为 65%，该数字指的是宽度设置为父级容器宽度的 65%。由于应用 nav 类的 ul 元素的父级元素为 mast 元素，所以该元素的实际宽度等于"屏幕宽度"乘以 32% 再乘以 65%。通过浏览器预览的效果如图 9-14 所示。

3. 基本页面中右侧内容的制作

① 参照图 9-9 所示的嵌套结构，在 inner 容器内部创建与 mast 容器层级相同的多个兄弟容器，具体结构如下。

图 9-14 左侧导航预览效果

```
<div class="inner">
        <div class="mast">由于此处代码之前已经创建完成，所以这里
省略具体内容</div>
        <div class="section intro"></div>
        <div class="section main"></div>
        <div class="footer"></div>
</div>
```

② 根据页面内容的需要在"<div class="section intro"></div>"容器内部插入标题和段落文字，具体的页面结构如下所示。

```
<div class="section intro">
        <div>
          <h2>"关于我们"</h2>
          <p>此处文字省略</p>
        </div>
</div>
```

③ 切换到 style.css 文件，创建相关的 CSS 样式规则，代码如下。通过浏览器预览的效果如图 9-15 所示。

```
.section:after, ul.nav:after {
        content: ".";
        display: block;
        height: 0;
        clear: both;
        visibility: hidden;
}/*使用伪类清除某个对象的浮动属性*/
.intro, .main, .footer {float: right;width: 66%;}
.intro {margin-top: 117px;}
.intro div {line-height: 1.4;}/*设置行高为1.4倍行高*/
.intro h2 {
        font: normal 2em "微软雅黑";
        text-align: center;
        margin-bottom: 0.25em;
}
```

图 9-15　预览效果（1）

④ 在应用 main 类的 DIV 容器内部创建标题和有序列表，并插入图像，此时的页面结构如下所示。

```html
<div class="section main">
    <h2>领先的影像生活分享平台</h2>
    <ol>
    <li class="figure"> <a href="#"><img src="images/01.jpg"> <span>都市情怀
</span> </a> </li>
    <li class="figure"> <a href="#"><img src="images/02.jpg"> <span>特色建筑
</span> </a> </li>
    <li class="figure"> <a href="#"><img src="images/03.jpg"> <span>微距世界
</span> </a> </li>
    <li class="figure"> <a href="#"><img src="images/04.jpg"> <span>唯美生态
</span> </a> </li>
    <li class="figure"> <a href="#"><img src="images/05.jpg"> <span>别样视角
</span> </a> </li>
    <li class="figure"> <a href="#"><img src="images/06.jpg"> <span>自由旅行
</span> </a> </li>
    </ol>
</div>
```

⑤ 切换到 style.css 文件，创建相关的 CSS 样式规则，代码如下。

```css
.main h2 {
    font-size: 1.4em;
    text-transform: lowercase;
    text-align: center;
    margin: 0.75em 0 1em;
}
.figure {
    float: left;
    font-size: 14px;
    line-height: 1.1;
    margin: 0 3.1% 1.5em 0;
    text-align: center;
    width: 30%;  /*这里的宽度不是固定值，而是相对值，可以实现图像随窗口大小变化而自动变化*/
    text-transform: uppercase;
```

```
        letter-spacing: 0.05em;
}
.figure img {
        -webkit-border-radius: 4px;
        -moz-border-radius: 4px;
        border-radius: 4px;
        -webkit-box-shadow: 0 2px 4px rgba(0, 0, 0, 0.5);
        -moz-box-shadow: 0 2px 4px rgba(0, 0, 0, 0.5);
        box-shadow: 0 2px 4px rgba(0, 0, 0, 0.5);
        display: block;
        margin: 0 auto 1em;
}
```

⑥ 最后，在应用 footer 类的 DIV 容器内部插入与版权相关的文字内容。保存当前文档，通过浏览器预览的效果如图 9-16 所示。至此，适合平板设备的基本页面已经全部完成。

图 9-16 预览效果（2）

4. 使用 media query 编写显示宽度大于 1024px 时的 CSS 样式规则

① 根据预先绘制完成的布局示意图设置某个容器的具体位置。

② 切换到 style.css 文件，创建如下规则。

```
@media screen and (min-width:1025px) {  具体规则要书写在此大括号内  }
```

③ 在 media query 语句结构内创建相应的 CSS 样式规则，代码如下所示。

```
@media screen and (min-width:1025px) {
.mast {float: none;width: auto;}
#logo {float: left;width: 32%;}
.nav {
        float: right;
        margin: 40px 0 1em;
        text-align: center;
```

```
        width: 66%;
    }
.nav li {
        float: left;
        margin-right: 3.3%;
        width: 16%;
    }
.intro {margin-top: 1em;}
.figure {margin-right: 2.5%;width: 14%;}
    }
```

5. 使用 media query 编写显示宽度在 414～768px 时的 CSS 样式规则

代码如下所示。

```
@media screen and (max-width:768px) {
.mast, .intro, .main, .footer {float: none;width: auto;}
/*清除所有重要板块的浮动属性，使其垂直排列*/
#logo {background: none;}/*由于手机端显示区域有限，这里不再显示装饰性图像*/
#logo a {padding-top: 20px;height: 80px;display: block;}
ul.nav {margin: 0 auto;width: 100%;}
ul.nav li {float: left;margin-right: 3%;width: 17%;}
ul.nav a {font: 14px "微软雅黑";font-weight: bold;}
.intro {margin-top: 10px;}
.intro h2 {font-size: 1.4em;}
    }
```

6. 使用 media query 编写显示宽度小于等于 414px 时的 CSS 样式规则

① 切换到 style.css 文件，创建如下规则。

```
@media screen and (max-width:414px) {
.figure {width:100%;}
    }
```

/*当显示宽度小于等于 414px 时，图文信息列表宽度增加，由 3 列显示变为 1 列显示，图像信息显示区域增大，有利于访问者浏览*/

② 保存当前文档，通过浏览器预览，缩小浏览窗口即可看到变化效果。至此，当前案例中适合多种设备显示的响应式页面已经制作完成。

通过讲解本案例的实现过程，可以总结出制作响应式页面的过程：首先，对目标访问人群进行需求分析；其次，根据分析结果制作出页面初始状态下的外观；再次，根据页面应用的不同场合划分出分辨率的临界点；最后，根据划分后的分辨率宽度编写对应的 CSS 样式。

9.3　响应式框架介绍

之前所讲的响应式页面知识是以学习 CSS3 相关属性、让读者体会制作流程为目的的，而在实际项目开发中，Web 前端工程师通常会借助第三方框架来提高项目开发效率，本节仅向读者简单介绍应用较为广泛的框架，至于每个框架的使用过程，请读者参考第三方框架的文档说明。

1. Bootstrap 框架

Bootstrap 是 Twitter 推出的一个用于前端开发的开源框架。它由 Twitter 的设计师 Mark Otto 和 Jacob Thornton 合作开发，它是一个 CSS/HTML 框架，能够帮助设计师提高响应式页面的开发效率。后续章节内容中将详细讲解此框架的使用。

2. Vue 框架

Vue 是一款用于构建用户界面的 JavaScript 框架。它基于标准 HTML、CSS 和 JavaScript 构建，并提供了一套声明式的、组件化的编程模型，能够高效地开发用户界面。

3. GumbyFrameWork 框架

GumbyFrameWork 是国外推出的一个既漂亮又反应灵敏的响应式网站 UI 框架，除了响应速度快，还具有容易维护的优点，非常适合快速创建 Web 前端 UI 模板。

4. UIkit 框架

UIkit 是一款轻量级、模块化的前端框架，可快速构建强大的前端 Web 界面。UIKit 具有体积小、模块化、可轻松地自定义主题及响应式设计等特点，提供了超过 30 个模块化并可扩展的组件，且不同组件间可以彼此结合。

5. Amaze UI 框架

Amaze UI 采用国际最前沿的"组件式开发"及"移动优先"设计理念，基于其丰富的组件，开发人员通过简单拼装即可快速构建出 HTML5 网页应用。

6. zui 框架

zui 框架继承了 Bootstrap 3 框架中的大部分基础内容。开发人员结合不同的应用场景（如大量数据展示、手机端响应式布局等）对 Bootstrap 框架的大部分内容进行了定制和修改，最终形成了 zui 框架。

9.4 课堂动手实践

【思考】

1. 简述响应式 Web 设计的基本含义及其优缺点。

2. media query 的语法是什么？

3. 在响应式页面的 head 区域通常出现如下代码。

```
<meta name="viewport" content="width=device-width, initial-scale=1, maximum-scale=1"/>
```

该代码的含义是什么？

【动手】

使用响应式 Web 设计的理念完成图 9-17 和图 9-18 所示的页面。

图 9-17　手机端预览效果

图 9-18　平板设备或 PC 端预览效果

第 10 章

使用Bootstrap框架创建页面

【本章导读】

在项目开发中，如果每个项目的所有代码或动态效果全部由开发人员手工输入或原创，工作量是非常大的，而实际上，有很多代码是可以重复利用的，或者仅修改部分参数后即可使用。

本章向读者介绍目前非常受欢迎的前端框架 Bootstrap。通过对 Bootstrap 框架的学习，用户能够方便快速地搭建视觉效果良好的页面。

【学习目标】

- 了解 Bootstrap 框架的基础知识；
- 掌握 Bootstrap 框架中栅格系统的基础知识及其使用方法；
- 掌握 Bootstrap 框架中表单、图片、导航栏等组件的使用方法；
- 能够使用 Bootstrap 框架搭建简单页面。

【素质目标】

- 启发和培养学生合作共赢的职业精神；
- 增强开源文化下的人文社会科学素养和社会责任感。

【思维导图】

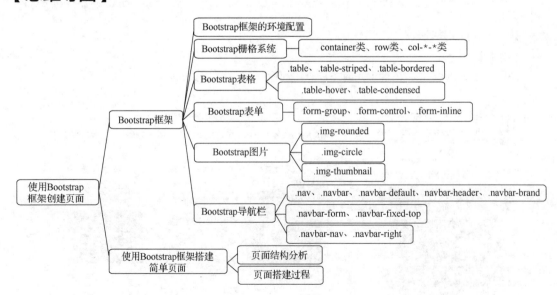

10.1 Bootstrap 框架

Bootstrap 由 Twitter 的工程师 Mark Otto 和 Jacob Thornton 合作开发，是目前非常受欢迎的基于 HTML、CSS、JavaScript 的前端框架。Bootstrap 中文网是国内获取、学习、交流 Bootstrap 框架相关内容的官方网站，读者可以从该网站获取任何有关 Bootstrap 框架的资源。

Bootstrap 框架之所以受开发人员欢迎，是因为它解决了浏览器的兼容性问题。Bootstrap 框架中包含了各种移动设备优先的样式，它为开发人员创建接口提供了一个简洁统一的解决方案。开发人员只需要将更多的精力投放在业务逻辑上，而不需要再花很多时间在兼容各类设备上，这极大地提高了开发效率。本章所使用的 Bootstrap 框架以 V3.4.1 版为基准，但由于框架内容众多，更多资源请读者查阅 Bootstrap 中文网。

10.1.1 Bootstrap 框架的环境配置

Bootstrap 框架的环境配置比较简单，用户只需要从官网获取文件，然后在了解文件结构的基础上，选择需要引入的文件即可。

1. 下载 Bootstrap 框架

开发人员若要使用 Bootstrap 框架，需要在本地进行部署。

首先访问 Bootstrap 中文网，在其网站的下载页面，按照需要下载不同使用场景的代码，这里下载预编译的 Bootstrap 文件。

下载并解压缩后，用户可以看到图 10-1 所示的文件目录结构。预编译的 Bootstrap 文件可以直接使用到任何 Web 项目中，里面包括编译完成的 CSS 文件和 JavaScript 文件，以及 Glyphicons 的图标字体。

```
bootstrap/
├── css/
│   ├── bootstrap.css
│   ├── bootstrap.css.map
│   ├── bootstrap.min.css
│   ├── bootstrap-theme.css
│   ├── bootstrap-theme.css.map
│   └── bootstrap-theme.min.css
├── js/
│   ├── bootstrap.js
│   └── bootstrap.min.js
└── fonts/
    ├── glyphicons-halflings-regular.eot
    ├── glyphicons-halflings-regular.svg
    ├── glyphicons-halflings-regular.ttf
    ├── glyphicons-halflings-regular.woff
    └── glyphicons-halflings-regular.woff2
```

图 10-1 Bootstrap 框架文件目录结构

完成 Bootstrap 框架的环境配置至少需要引入 3 个文件，即 bootstrap.min.css、jquery.min.js 和 bootstrap.min.js。

（1）bootstrap.min.css：Bootstrap 框架的核心 CSS 文件。

（2）bootstrap-theme.min.css：可选的 Bootstrap 框架的主题文件，一般不用引入。

（3）jquery.min.js：因为 Bootstrap 框架是基于 jQuery 的，所以务必在 bootstrap.min.js 文件之前引入 jQuery 文件。

（4）bootstrap.min.js：Bootstrap 框架的核心 JavaScript 文件。

需要特别说明的是，这里的 jQuery 文件可以从 jQuery 官方网站获取。在网站的文件列表中，选择需要的 jQuery 文件，在弹出的提示框中复制文件链接，并在新网页标签中打开，将其中的代码另存为 JavaScript 文件即可。

2. 使用 Bootstrap 框架创建第一个网页

【demo10-1】使用 Bootstrap 框架创建第一个网页

① 在 Dreamweaver 中创建站点，在站点内部将已经下载的 Bootstrap 框架文件解压缩。

② 新建 HTML5 空白文档，通过 "CSS 设计器" 面板或手动书写代码将文件 "bootstrap.min.css" 添加到 head 区域。

③ 在 head 区域依次引入 jQuery 文件和 JavaScript 文件，具体代码如下。

```
<head>
<meta charset="utf-8">
<title>使用Bootstrap框架创建第一个网页</title>
<link href="css/bootstrap.min.css" rel="stylesheet" type="text/css">
<script src="js/jquery-1.12.4.min.js"></script>
<script src="js/bootstrap.min.js"></script>
</head>
```

④ 在 body 区域，根据需要输入以下代码，通过浏览器预览的效果如图 10-2 所示。

```
<body>
<h1 class="alert alert-success">Hello,Bootstrap! </h1>
</body>
```

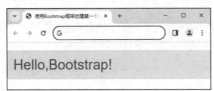

图 10-2　使用 Bootstrap 框架创建第一个网页预览效果

通过预览可以发现，开发人员在自己没有编写任何 CSS 样式代码的情况下，直接引用 Bootstrap 框架内部的类规则就可以完成简单的排版效果（标题文字为深绿色，文字背景为浅绿色），这种方便快捷开发页面的方法受到了广大开发人员的喜爱。

10.1.2　Bootstrap 栅格系统

1. 栅格系统概述

Bootstrap 框架中的栅格系统通过一系列行（row）与列（column）的组合来创建页面布局。此栅格系统向用户提供了一套响应式、移动设备优先的页面布局方式，随着屏幕或窗口（viewport）尺寸的增加，系统最多会自动分为 12 列。

要使用栅格系统对页面进行布局，就会使用到 Bootstrap 框架中的 container 类、row 类和 col-*-* 类（*代表变化的参数），它们三者之间的关系是：所有行（.row）必须包含在容器（.container）中，在行（.row）中可以添加列（.col-*-*），但列数之和不能超过平分的总列数（12 列）。下面以案例形式讲述栅格系统的使用方法。

【demo10-2】Bootstrap 栅格系统

① 在代码编辑器中创建 HTML5 空白文档，并将 Bootstrap 框架所需文件引入文档的 head 区域。

② 创建包含栅格系统的基本结构，请读者注意应用 container 类、row 类和 col-*-*类的容器之间的包含关系，具体代码如下。

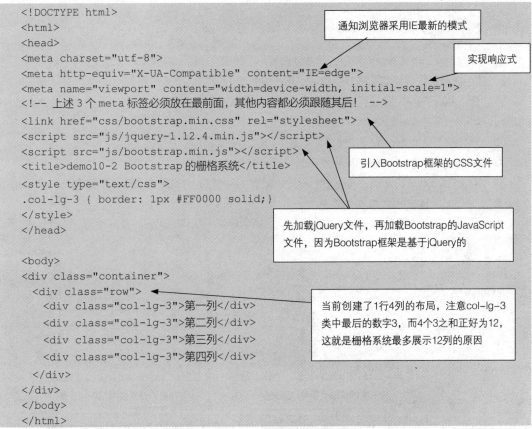

```
<!DOCTYPE html>
<html>
<head>
<meta charset="utf-8">
<meta http-equiv="X-UA-Compatible" content="IE=edge">
<meta name="viewport" content="width=device-width, initial-scale=1">
<!-- 上述 3 个meta 标签必须放在最前面，其他内容都必须跟随其后！ -->
<link href="css/bootstrap.min.css" rel="stylesheet">
<script src="js/jquery-1.12.4.min.js"></script>
<script src="js/bootstrap.min.js"></script>
<title>demo10-2 Bootstrap 的栅格系统</title>
<style type="text/css">
.col-lg-3 { border: 1px #FF0000 solid;}
</style>
</head>

<body>
<div class="container">
  <div class="row">
    <div class="col-lg-3">第一列</div>
    <div class="col-lg-3">第二列</div>
    <div class="col-lg-3">第三列</div>
    <div class="col-lg-3">第四列</div>
  </div>
</div>
</body>
</html>
```

通知浏览器采用IE最新的模式

实现响应式

引入Bootstrap框架的CSS文件

先加载jQuery文件，再加载Bootstrap的JavaScript文件，因为Bootstrap框架是基于jQuery的

当前创建了1行4列的布局，注意col-lg-3类中最后的数字3，而4个3之和正好为12，这就是栅格系统最多展示12列的原因

③ 保存当前页面文档，通过浏览器预览即可看到效果，如图 10-3 所示。

图 10-3 1 行 4 列栅格系统的预览效果

本案例中使用 4 个应用 col-lg-3 类的容器展示了 4 列内容，如果想一行展示 2 列内容，则需要 2 个应用 col-lg-6 类的容器。总之，类名称最后数字之和应为 12，如果超过 12，容器就会堆叠在一起或折返换行显示。

需要说明的是，col-lg-3 类中的 "lg" 代表巨大，意思是当屏幕大于等于 1200px 时，栅格系统会采用此样式。此外，还有 col-md-3、col-sm-3 和 col-xs-3，分别代表中等屏幕、小屏幕和超小屏幕，更多的栅格参数如表 10-1 所示。

表 10-1 栅格系统的部分参数

	超小屏幕 手机 （<768px）	小屏幕 平板设备 （≥768px）	中等屏幕 桌面显示器 （≥992px）	大屏幕 大桌面显示器 （≥1200px）
类前缀	.col-xs-	.col-sm-	.col-md-	.col-lg-
列（column）数	12	12	12	12
栅格系统行为	总是水平排列	开始是堆叠在一起的，当大于这些阈值时，将变为水平排列		

需要特别说明的是，本案例中预先加载的 jQuery 文件，正常情况下是放在 CDN 服务器中的。若放在 CDN 服务器中，Bootstrap 框架给出的范例如下。

```
<script src="https://cdn.jsdelivr.cn/npm/jquery@1.12.4/dist/jquery.min.js" integrity=
"sha384-nvAa0+6Qg9clwYCGGPpDQLVpLNn0fRaROjHqs13t4Ggj3Ez50XnGQqc/r8MhnRDZ"
crossorigin="anonymous"></script>
```

而本案例中为了测试方便，加载的是本地的 jQuery 文件，具体内容请查看源文件。

2. 使用栅格系统快速实现适应手机端、平板设备和 PC 端的页面布局

之前已经讲解了栅格系统的基本概念，这里以案例形式向读者介绍如何使用栅格系统快速实现页面布局。

【demo10-3】使用栅格系统快速实现适应手机端、平板设备和 PC 端的页面布局

① 搭建好 Bootstrap 框架的应用环境。

② 新建 HTML5 空白文档，在 head 区域引入使用 Bootstrap 框架必备的 3 个文件（bootstrap.min.css、jquery.min.js 和 bootstrap.min.js）。

③ 为了让预览效果更加直观，这里在 body 区域创建如下结构的代码，并应用对应的类规则。

```
<style>
#box-1 { background: #F1F800;}
#box-2 { background: #1AE099;}
</style>
<body>
<div class="container">
  <h1>快速实现多设备页面布局</h1>            ← 同一容器，分别应用在不同设备
  <div class="row">                            分辨率状态下的类规则
    <div id="box-1" class="col-xs-6 col-sm-3 col-md-9">
      <p>…</p>          ← 这里省略了部分段落文字
    </div>
                                                 ← 同一容器，分别应用在不同设备
    <div id="box-2" class="col-xs-6 col-sm-9 col-md-3">      分辨率状态下的类规则
      <p>col-xs-6</p>
      <p>col-sm-9</p>
      <p>col-md-3</p>
    </div>
  </div>
</div>
</body>
```

④ 预览后，通过调整浏览器宽度可以发现，容器的页面布局随之更换，如图 10-4 至图 10-6 所示。

此时该容器应用 col-xs-6 类规则

此时该容器应用 col-xs-6 类规则

图 10-4　超小屏幕（手机）预览效果

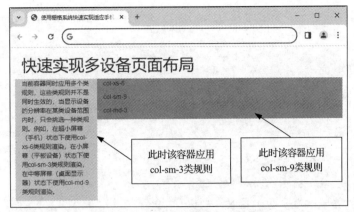

图 10-5　小屏幕（平板设备）预览效果

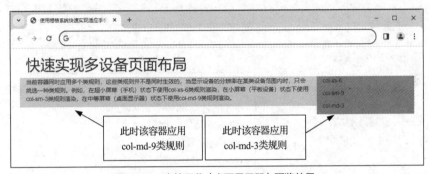

图 10-6　中等屏幕（桌面显示器）预览效果

通过上述案例可以观察到，在 Bootstrap 栅格系统中需要使用行（class="row"）来创建列的水平组；行必须放在应用 container 的类规则内；内容应该放置在列内，且唯有列可以是行的直接子元素；当前容器同时应用多个类规则，这些类规则并不是同时生效的，当显示设备的分辨率在某类设备范围内时，只会挑选一种类规则去渲染。

10.1.3　Bootstrap 表格

在 Bootstrap 框架中，预先定义了适用于表格的多个类规则，当使用.table 类规则时，可以赋予表格一个最基本的样式，而使用其他类规则时则可以对表格进行美化，十分方便快捷。有关表格的类规则如表 10-2 所示。

微课视频

表 10-2　Bootstrap 框架中有关表格的类规则

类规则名称	功能描述
.table	赋予表格的基本样式
.table-striped	在 <tbody> 内添加斑马线形式的条纹
.table-bordered	为所有表格的单元格添加边框
.table-hover	在 <tbody> 内的任一行启用鼠标悬停状态
.table-condensed	让表格更加紧凑

【demo10-4】Bootstrap 表格

① 搭建好 Bootstrap 框架的应用环境。

② 新建 HTML5 空白文档，在 head 区域引入使用 Bootstrap 框架必备的 3 个文件。

③ 在 body 区域插入一个宽度为 800px 的 4 行 3 列表格，表格内容自行设置即可，具体代码如下。

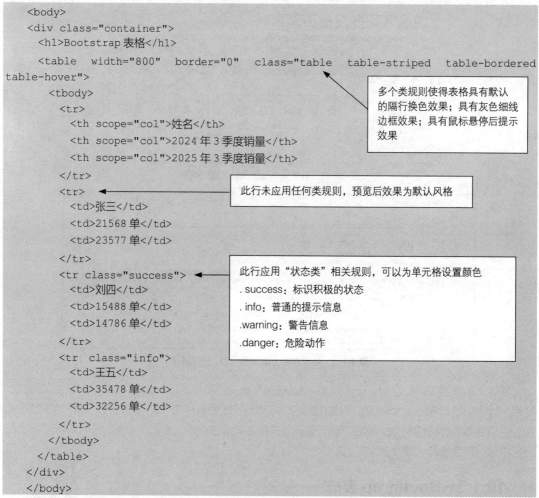

```
<body>
<div class="container">
  <h1>Bootstrap 表格</h1>
  <table  width="800"  border="0"  class="table  table-striped  table-bordered
table-hover">
    <tbody>
      <tr>
        <th scope="col">姓名</th>
        <th scope="col">2024 年 3 季度销量</th>
        <th scope="col">2025 年 3 季度销量</th>
      </tr>
      <tr>
        <td>张三</td>
        <td>21568 单</td>
        <td>23577 单</td>
      </tr>
      <tr class="success">
        <td>刘四</td>
        <td>15488 单</td>
        <td>14786 单</td>
      </tr>
      <tr  class="info">
        <td>王五</td>
        <td>35478 单</td>
        <td>32256 单</td>
      </tr>
    </tbody>
  </table>
</div>
</body>
```

多个类规则使得表格具有默认的隔行换色效果；具有灰色细线边框效果；具有鼠标悬停后提示效果

此行未应用任何类规则，预览后效果为默认风格

此行应用"状态类"相关规则，可以为单元格设置颜色
.success：标识积极的状态
.info：普通的提示信息
.warning：警告信息
.danger：危险动作

④ 通过浏览器预览的效果如图 10-7 所示。通过本案例可以发现，若要创建满足基本需求且风格统一的表格，使用 Bootstrap 框架中相关表格类即可。

图 10-7　Bootstrap 表格预览效果

10.1.4　Bootstrap 表单

Bootstrap 框架提供了三种类型的表单，即垂直表单（默认）、内联表单和水平表单，其中垂直表

单是最常见的。此外，在创建表单的过程中，Bootstrap 框架支持的表单控件中最常见的有 input、textarea、checkbox、radio 和 select。

【demo10-5】Bootstrap 表单

① 搭建好 Bootstrap 框架的应用环境。

② 在 body 区域插入一个应用 container 类的 DIV 容器，在其中创建一个表单，表单内创建文本类型和密码类型的控件，具体代码如下。

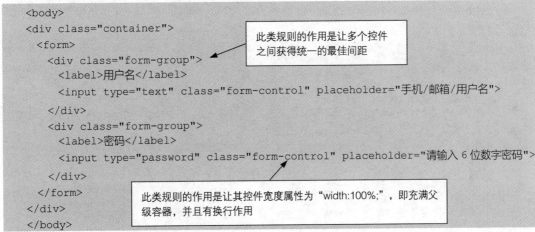

③ 通过浏览器预览的效果如图 10-8 所示。

图 10-8　Bootstrap 表单预览效果

本案例中的表单是以垂直表单为基础创建的，对于内联表单来讲，只需要为<form>标签添加 form-inline 类即可，代码如下，预览效果如图 10-9 所示。

```
<form class="form-inline"> </form>
```

图 10-9　内联表单预览效果

对于水平表单来讲，需要为<form>标签添加 form-horizontal 类，结合 Bootstrap 框架预置的栅格类，可以将<label>标签和控件组水平并排布局。

10.1.5　Bootstrap 图片

Bootstrap 框架提供了三种可对图片进行变形的类规则，可以让图片呈现不同的形状。

微课视频

（1）.img-rounded：添加 border-radius:6px 来获得图片圆角。

（2）.img-circle：添加 border-radius:50%来让整个图片变成圆形。

（3）.img-thumbnail：添加一些内边距（padding）和一个灰色的边框。

此外，还可以通过对图片应用.img-responsive 类规则实现响应式图片的布局效果。

【demo10-6】Bootstrap 图片

① 搭建好 Bootstrap 框架的应用环境。

② 在 body 区域插入一个应用 container 类的 DIV 容器，然后插入应用了上述类规则的图片，具体代码如下。

```
<style>
#wf {
    width: 100px;
    height: 100px;
}/*图片原始尺寸为200px×200px,为了检验应用了.img-responsive 类规则的图片能够跟随父级容器自
动缩放，这里将容器尺寸设置为100px×100px*/
</style>

<body>
<div class="container">
  <h2>图片形状</h2>
  <img  class="img-rounded" src="images/img01.jpg" />
  <img  class="img-circle" src="images/img01.jpg" />
  <img  class="img-thumbnail" src="images/img01.jpg" />
  <h2>响应式图片（自动跟随父级容器大小自适应）</h2>
  <div id="wf">
  <img class="img-responsive" src="images/img01.jpg" />
  </div>
</div>
</body>
```

③ 通过浏览器预览的效果如图 10-10 所示。

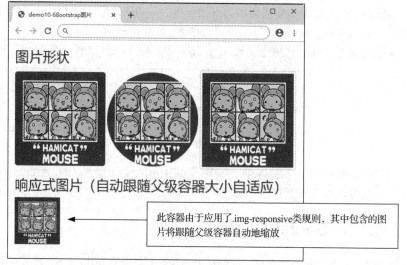

图 10-10　Bootstrap 图片预览效果

10.1.6　Bootstrap 导航栏

Bootstrap 框架为用户提供了一种基本的导航栏功能，而其中用于导航的元素都是基于 nav 类进行扩展的。Bootstrap 导航栏的核心包括了站点名称和基本的导航定义样式，相关的类规则如下。

（1）.nav：用于初始化导航栏的外观样式。

（2）.navbar：用于定义 nav 元素为导航组件，使其具有相对定位的属性并增加外边框效果。

（3）.navbar-default：用于定义导航背景色样式。

（4）.navbar-header：用于指定 div 元素为导航条组件，该组件包裹品牌图标及切换按钮。

（5）.navbar-brand：用于设置导航条组件内的品牌图标。默认状态下，当前类规则允许盛放文字，但也可以盛放图片，但图片必须是小图片。

（6）.navbar-form：用于定义导航栏内表单的初始化外观样式。

（7）.navbar-fixed-top：用于将导航条组件设置为固定在顶部。

（8）.navbar-nav：用于将 ul 元素设置为导航条组件内的列表元素。

（9）.navbar-right：设置导航条内元素向右对齐。

【demo10-7】Bootstrap 导航栏

① 搭建好 Bootstrap 框架的应用环境。

② 在 body 区域插入一个 nav 元素及简易的无序列表，并应用默认的类规则，具体代码如下。

```html
<body>
<nav class="navbar navbar-default">
  <div class="container">
    <div class="navbar-header"><a class="navbar-brand">LOGO </a></div>
    <ul class="nav navbar-nav">
      <li class="active"><a href="#">学校概况</a></li>
      <li><a href="#">管理机构</a></li>
      <li><a href="#">教育教学</a></li>
      <li><a href="#">师资队伍</a></li>
    </ul>
  </div>
</nav>
</body>
```

③ 通过浏览器预览的效果如图 10-11 所示。由图可知，通过多个类规则的相互叠加，可以很容易地创建一个导航栏。为了更加贴近实际，继续为导航栏丰富内容。

图 10-11　Bootstrap 导航栏预览效果（1）

④ 在"教育教学"栏目中，增加二级菜单效果，修改完善后的代码如下。

```html
<ul class="nav navbar-nav">
```

211

```
            <li class="active"><a href="#">学校概况</a></li>
            <li><a href="#">管理机构</a></li>
            <li class="dropdown">
<a href="#" class="dropdown-toggle" data-toggle="dropdown" >教育教学
<span class="caret"></span></a>
        <ul class="dropdown-menu">
          <li><a href="#">专业建设</a></li>
          <li><a href="#">精品课程</a></li>
          <li class="divider"></li>
          <li><a href="#">本科教育</a></li>
          <li><a href="#">研究生教育</a></li>
        </ul>
      </li>
      <li><a href="#">师资队伍</a></li>
</ul>
```

调用下拉菜单插件

下拉菜单三角图标

二级菜单分割线

⑤ 通过浏览器预览后的效果如图 10-12 所示。

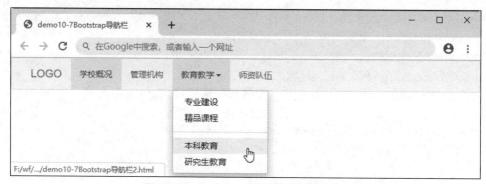

图 10-12　Bootstrap 导航栏预览效果（2）

⑥ 继续为导航栏丰富内容，这里拟向导航栏添加搜索框类型的表单，并置于导航栏的右侧，具体增加的代码如下。

```
<body>
<nav class="navbar navbar-default">
  <div class="container">
    <div class="navbar-header"><a class="navbar-brand">LOGO </a></div>
    <ul class="nav navbar-nav">   这里省略了导航菜单的代码   </ul>

[初始化导航栏中的表单]                    [使表单居右放置]

<form class="navbar-form navbar-right" role="search">
    <div class="form-group">
      <input type="text" class="form-control" placeholder="Search">
    </div>
    <button type="submit" class="btn btn-default">搜索</button>
  </form>
  </div>
</nav>
</body>
```

⑦ 通过浏览器预览的效果如图 10-13 所示。

图 10-13　Bootstrap 导航栏预览效果（3）

　　通过本案例可以体会到，使用 Bootstrap 框架能够方便地搭建一个包含常规功能的导航栏，极大地缩短了开发周期。而对于其他形式的导航（如选项卡式导航和胶囊式导航），虽然本案例未曾涉及，但 Bootstrap 框架提供了对应的类规则供开发人员使用，请读者查阅相关资料后自行练习。

10.2　使用 Bootstrap 框架搭建简单页面

　　Bootstrap 框架本身是一整套较为复杂的结构体系，只有在学习初期不断地熟悉 Bootstrap 框架中的各种类规则，后期才能很好地应用。此外，Bootstrap 框架的文档说明也是一个非常有效的帮助文档，无论搭建何种复杂程度的页面，查阅帮助文档都是必要的工作技能。下面以使用 Bootstrap 框架搭建一个简单页面为例，向读者介绍相关的工作过程和思路。

10.2.1　页面结构分析

　　这里以最常见的企业类页面为例，其预览效果如图 10-14 所示。从图中可以看到，页面顶端包含 Logo、导航和搜索框等内容；banner 区域采取左右通栏的大面积显示；页面主体部分最大支持 4 列内容，通过调整浏览器窗口，页面能够自适应变化，且主体内容区域跟随窗口大小变化而变化，由 4 列变为 3 列，再由 3 列变为 2 列，最后单列显示；页面底部包含版权信息等相关内容。

图 10-14　使用 Bootstrap 框架搭建简单页面的预览效果

通过对页面的简单描述，以及对 Bootstrap 框架的了解，可以初步判断出以下内容。

（1）自适应页面部分是通过栅格系统来解决的。

（2）页面的顶部导航和底部版权内容，在 Bootstrap 框架中都有可以快速实现的对应类规则。

（3）banner 区域左右通栏，意味着无论浏览器宽度多大，都将占据 100%。

（4）当浏览器窗口变化时，使用媒体查询规则，在不同条件下设置 container 的宽度，从而实现自适应效果。

有了上述内容的简单判断，根据效果图的布局规划，可以描绘出页面的基本结构，如图 10-15 所示。当然，思考结构图时并非要一次性考虑得非常清晰，更不是一次性把要应用的类规则都书写出来，建议读者按照从大到小、从宏观到局部的思路先考虑页面的骨架结构。

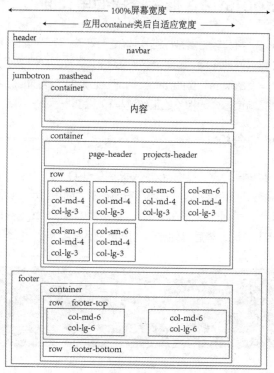

图 10-15　结构示意图

10.2.2　页面搭建过程

1. 环境搭建与页面顶部导航的实现

① Bootstrap 框架的环境搭建过程参照 10.1.1 小节的步骤实施。

② 环境搭建完成后，再次创建空白 CSS 文件，保存为 "mystyle.css"。将该文件引入页面中。该 CSS 文件的作用是存放个性化的样式规则。

③ 页面顶部导航实现过程参照 10.1.6 小节的步骤实施。

2. banner 区域页面搭建

① 在<header></header>标签的后面，即兄弟位置，创建<div>标签，并应用对应的类规则，具体代码如下。

```
<body>
<header>   这里省略了导航的全部代码内容   </header>
<div class="jumbotron masthead" >                    用户自定义的规则
  <div class="container">                  有关超大屏幕的类规则
    <h1>Brand</h1>
    <h2>致力于用信息化助力企业发展</h2>
    <p>综合的系统架构服务商专注于数据中心与IT规划建设</p>
  </div>
</div>
</body>
```

② 由于应用了 jumbotron 类规则，页面仅仅为基础效果，若要添加更为个性化的内容，还需要切换至 mystyle.css 文件，添加有关过渡色、定位字体位置等多方面内容，具体代码详见源文件。

3. 主体区域页面搭建

根据结构示意图创建相互嵌套的 DIV 容器，并通过多次调试和预览，创建如下结构的代码。

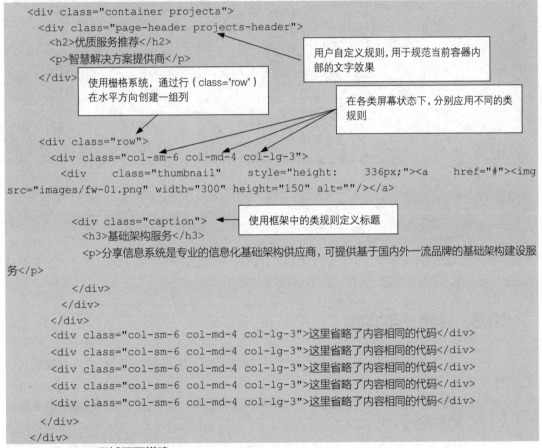

```
<div class="container projects">
  <div class="page-header projects-header">         用户自定义规则，用于规范当前容器内
    <h2>优质服务推荐</h2>                              部的文字效果
    <p>智慧解决方案提供商</p>
  </div>           使用栅格系统，通过行（class="row"）
                   在水平方向创建一组列
                                                  在各类屏幕状态下，分别应用不同的类
                                                  规则
    <div class="row">
      <div class="col-sm-6 col-md-4 col-lg-3">
        <div   class="thumbnail"    style="height:    336px;"><a   href="#"><img
src="images/fw-01.png" width="300" height="150" alt=""/></a>
                                         使用框架中的类规则定义标题
        <div class="caption">
          <h3>基础架构服务</h3>
          <p>分享信息系统是专业的信息化基础架构供应商，可提供基于国内外一流品牌的基础架构建设服
务</p>
        </div>
      </div>
    </div>
      <div class="col-sm-6 col-md-4 col-lg-3">这里省略了内容相同的代码</div>
      <div class="col-sm-6 col-md-4 col-lg-3">这里省略了内容相同的代码</div>
      <div class="col-sm-6 col-md-4 col-lg-3">这里省略了内容相同的代码</div>
      <div class="col-sm-6 col-md-4 col-lg-3">这里省略了内容相同的代码</div>
      <div class="col-sm-6 col-md-4 col-lg-3">这里省略了内容相同的代码</div>
    </div>
</div>
```

4. Footer 区域页面搭建

Footer 区域的页面搭建相对比较容易，需要注意的是，栅格系统同样可以嵌套使用，例如下面本案例中的代码片段，而更多代码内容请查阅源文件。

```
<footer class="footer">
  <div class="container">
    <div class="row footer-top">         使用栅格系统将行分为两列
      <div class="col-md-6 col-lg-6">
```

```
        <h4><img src="images/logo.png" width="78" height="33" alt=""/></h4>
        <p>我们一直致力于为 IT 公司提供更多的优质技术和服务！</p>
    </div>
    <div class="col-md-6 col-lg-6">
      <div class="row">
        <div class="col-sm-3">
          <h4>关于</h4>
          <ul class="list-unstyled">
            <li><a href="#">关于我们</a></li>
            <li><a href="#">广告合作</a></li>
            <li><a href="#">友情链接</a></li>
            <li><a href="#">招聘</a></li>
          </ul>
        </div>
        <div class="col-sm-3">这里省略了内容相同的代码</div>
        <div class="col-sm-3">这里省略了内容相同的代码</div>
        <div class="col-sm-3">这里省略了内容相同的代码</div>
      </div>
    </div>
  </div>
  <hr>
  <div class="row footer-bottom">
    <ul class="list-inline text-center" >
      <li><a href="#">京 ICP 备 00000000 号</a></li>
      <li><a href="#">京公网安备 0000000000</a></li>
    </ul>
  </div>
 </div>
</footer>
```

使用栅格系统将行分为两列

在已经使用栅格系统的1列中，再次使用栅格系统将当前区域划分为1行4列的布局

通过上述使用 Bootstrap 框架搭建页面的过程来看，页面能否搭建成功与开发人员对 Bootstrap 框架内容的熟悉程度密切相关。对于初学者而言，建议一边查阅帮助文档，一边逐个检验和熟悉 Bootstrap 框架的各种类规则，久而久之才能达到熟练的程度。

10.3 课堂动手实践

1. 在 Bootstrap 中文网的顶部导航中欣赏优秀的网页案例，并通过在浏览器中按下快捷键 F12 进入开发者模式，观察页面结构与应用。

2. 下载预编译的 Bootstrap 文件，并正确地将其引入页面中，使用 Bootstrap 框架的相关基础知识完成多个按钮的标准应用，如图 10-16 所示。

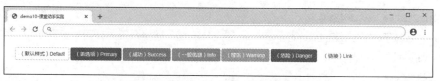

图 10-16 Bootstrap 框架按钮的标准应用

Web Design
with HTML5
and CSS3

第11章
Web App类页面的设计与实现

【本章导读】

  Web App 指的是利用 HTML5 技术运行在移动端浏览器内，并且能够实现某种功能的应用程序。随着技术的日新月异，Web App 在能效方面显得越来越有分量，而常见的微信、微博和新闻客户端等平台级产品，借助入口流量又进一步促进了移动端网站的发展，使得 Web App 类型的页面得到广泛应用。

  本章在巩固各类知识点的基础上，向读者介绍 Web App 类型的页面是如何被制作出来的，并拓展介绍在实际的项目开发中常见的 Swiper 插件的简易使用方法。

【学习目标】

- 掌握在 Web App 开发中手机屏幕的基本知识；
- 了解 Swiper 插件的使用方法；
- 熟悉 Web App 类型页面的制作流程。

【素质目标】

- 增强学生对"开放""合作共赢"的深刻理解；
- 培养学生综合应用能力，强化社会责任感。

【思维导图】

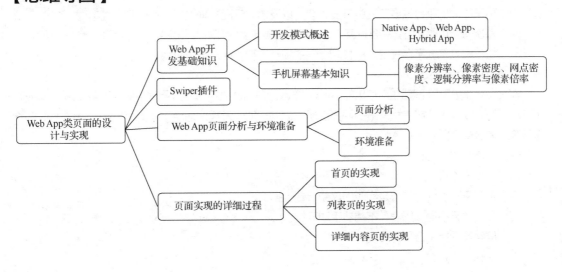

11.1 Web App 开发基础知识

随着移动端内容创新和体验创新的快速发展，人们发现"移动优先化"和"互交趣味化"是移动端传播的主要趋势，而基于 HTML5 技术的移动 Web 页面恰好融合了上述两种趋势，成为最受瞩目的技术形态之一。

App 开发的方式有很多种，不同的开发方式适应于不同的应用场景。在实际工作中，一个好的前端开发框架能够帮助开发人员编写一套代码，然后一键发布到 iOS、Android、Web（响应式）及各种小程序（微信/支付宝/百度/头条/飞书/QQ/快手/钉钉/淘宝）、快应用等多个平台。但对于初学者来讲，直接使用某款框架开发 App 还是有难度的，这里还是把内容重点放在 HTML5、CSS3 和框架入门使用方面。下面了解以下几种开发方式的优缺点。

11.1.1 开发模式概述

目前，移动应用前端的开发模式有 Native App、Web App，以及由前两种开发模式融合后的 Hybrid App（混合模式）。

1. Native App 简述

Native App 指的是原生程序，一般依托于操作系统（如 iOS、Android 等）进行开发，有很强的交互性，Native App 所有的逻辑框架、数据内容和 UI 元素均封装在自身程序中，用户需要下载并安装后才能使用。该类型的开发模式适用于游戏、管理应用软件等无须经常更新程序的 App。

Native App 的优点如下。

（1）操作速度快，上手流畅，用户体验接近完美。

（2）性能稳定。

（3）能够方便地访问本地硬件设备（如重力感应、GPS、摄像头、蓝牙等）。

（4）便于设计出唯美的转场效果和动态效果。

（5）即便无法上网，也能访问之前下载的数据，用户留存率高。

Native App 的缺点如下。

（1）由于不同的平台需要不同的开发语言，以及需要适配多种设备，所以开发成本高。

（2）每次有新功能推出就需要升级 App，而且需要更多的开发人员维护之前的版本，维护成本高。

（3）由于涉及不同平台提交、审核和上线的烦琐流程，所以更新较为缓慢。

2. Web App 简述

Web App 指采用 HTML5 写出的 App，它运行在浏览器中，而且用户不需要下载安装，类似于现在流行的"轻应用"或者触屏版的网页应用。该类型的开发模式适用于新闻资讯类、金融类和电子商务等经常需要更新内容的 App。

Web App 的优点如下。

（1）开发成本低。

（2）用户每次访问到的都是实时的最新云端数据。

（3）更新时无须通知用户，不需要手动升级。

（4）能够实现跨平台和跨终端。

Web App 的缺点如下。

（1）无法调用手机的硬件设备。

（2）无法获取系统级别的通知、提醒和动态效果。

（3）版面设计受到诸多限制。

（4）用户体验相对于 Native App 较差。

3. Hybrid App 简述

Hybrid App 指的是半原生半 Web 的混合类 App，其本质是用 Native App 的方法开发了一个"壳"，里面访问的内容还是 Web App。例如，Android 版淘宝客户端就是 Hybrid App 的典型应用。

11.1.2 手机屏幕基本知识

目前，手机品牌多种多样，手机屏幕分辨率更是不胜枚举。作为前端开发人员，要保证用代码编排出来的网页效果适配多种手机屏幕，还是需要付出一定的精力。下面介绍一些有关手机屏幕方面的基本知识，了解这些基本知识的目的是便于向 UI 设计人员协调相应的 UI 资源，以保证项目开发过程能够顺畅。

1. 像素分辨率

像素（px）是构成数码影像的基本单元，而屏幕分辨率指的是在横纵方向上的像素点数。例如 480px×800px 的屏幕，就是由 800 行、480 列的像素点组成的，每个点发出不同颜色的光，构成用户所看到的画面。

2. 像素密度

像素密度指的是屏幕上每英寸可以显示的像素点的数量，单位是 ppi，即 pixels per inch 的缩写。像素密度越高，代表屏幕显示效果越精细。例如：iPhone 14 Pro 与 iPhone 11 两款手机屏幕大小均为 6.1 英寸，但前者屏幕分辨率为 1179px×2556px，像素密度为 460ppi，而后者屏幕分辨率为 828px×1792px，像素密度为 326ppi，iPhone 14 Pro 屏幕的显示精细程度远高于 iPhone 11。

3. 网点密度

网点密度（dot per inch，dpi）用来描述印刷品的打印精度，就是打印机可以在一英寸内打多少个点。当 dpi 的概念用在手机屏幕上时，就称为 ppi。ppi 和 dpi 是同一个概念，Android 系统常用 dpi，iOS 系统常用 ppi。

4. 逻辑分辨率与像素倍率

物理分辨率是硬件所支持的分辨率，逻辑分辨率是软件可以达到的分辨率。逻辑分辨率乘以一个倍率得到物理分辨率，这个倍率叫作像素倍率。

在软件开发时，从设计图稿到移动端效果呈现，涉及三个抽象屏幕：逻辑层、渲染层和物理层。设计师在逻辑层上使用逻辑分辨率设置元素长度，软件操作系统将逻辑层上的图像渲染到渲染层，得到渲染分辨率图像，再将渲染层上的图像输出到显示设备的物理层上进行显示。

（1）逻辑层：该层使用逻辑像素作为尺寸单位。逻辑像素与密度无关，可以理解为矢量单位。逻辑像素使用像素倍率转换成对应的渲染像素。

（2）渲染层：该层使用渲染像素作为尺寸单位。每个渲染像素储存渲染得到的位图中一个像素的信息。

（3）物理层：该层使用物理像素作为尺寸单位。物理像素就是屏幕显示的最小物理单位。

（4）逻辑分辨率：指逻辑层的逻辑像素数量。

（5）渲染分辨率：指渲染像素数量。

（6）物理分辨率：指物理像素数量。

常见的 iOS 设备屏幕参数如表 11-1 所示。

表 11-1　常见的 iOS 设备屏幕参数

	iPhone 14 Pro	iPhone 13 mini	iPhone 11	iPhone X
像素分辨率	1179px × 2556px	1125px × 2436px	828px × 1792px	1125px × 2436px
像素倍率	@3×	@3×	@2×	@3×
逻辑分辨率	393pt × 852pt	375pt × 812pt	414pt × 896pt	375pt × 812pt
物理尺寸	6.1 英寸	5.4 英寸	6.1 英寸	5.8 英寸
像素密度	460ppi	476ppi	326ppi	458ppi

注：pt 是 iOS 平台使用的长度单位，1pt=1/72 英寸。

而 Android 设备的屏幕尺寸实在太多，分辨率高低跨度也非常大，所以 Android 系统把各种设备的像素密度划成了好几个范围区间，给不同范围的设备定义了不同的像素倍率，像素密度小于 120dpi 的屏幕归为 ldpi，120～160dpi 的归为 mdpi，依此类推。常见的 Android 设备屏幕参数如表 11-2 所示。

表 11-2　常见的 Android 设备屏幕参数

	ldpi	mdpi	hdpi	xhdpi	xxhdpi	xxxhdpi
像素密度	<120dpi	120～160dpi	160～240dpi	240～320dpi	320～480dpi	480～640dpi
像素分辨率	已经绝迹	320px × 480px	480px × 800px	720px × 1280px	1080px × 1920px	1440px × 2560px
像素倍率	0.75	1 倍	1.5 倍	2 倍	3 倍	4 倍

从上述内容可知，决定显示效果的都是逻辑像素，所以在设计与开发过程中，开发人员与 UI 设计人员都需要以逻辑像素尺寸来描述和理解界面。

11.2　Swiper 插件

在移动端开发时，经常遇到左右滑动屏幕翻页、上下滑动屏幕等常规触屏动作，而这些看似常见的操作，如果每个效果都让工程师独立实现，则开发周期很长，成本也太高。

就目前实际项目开发而言，多数工程师会选择当前非常流行的而且是轻量级的移动设备触控滑块 JavaScript 插件——Swiper，本小节就向读者简要介绍这款插件的基本使用方法。由于 Swiper 插件内容过于繁多，这里仅介绍与将要完成案例有联系的知识点，更多内容请读者自主查阅资料。

微课视频

1．如何获取

Swiper 插件是一款免费且开源的 JavaScript 插件，主要用于移动端的开发，能很好地支持触摸设备上的滑动操作、支持水平和垂直的幻灯展示等诸多操作，读者可以从 Swiper 中文网下载或学习相关的资料。

2．如何使用

由于此类插件都是已经调试成功的，所以在使用时只需要加载插件、按照结构修改内容，最后初始化 Swiper 插件即可使用。下面以案例形式讲解 Swiper 插件的使用方法。

【demo】Swiper 插件的使用方法

① 在 Swiper 中文网上下载 Swiper 8 完整包，这里以 Swiper 8.4.6 版本为例进行讲解。下载完成后，对其进行解压缩。在解压后的文档中，找到"swiper-bundle.min.js"和"swiper-bundle.min.css"

两个必备文件，前者是 JavaScript 文件，后者是样式文件。

② 新建 HTML5 空白文档，并在头部区域载入样式文件，具体代码如下。

```
<head>
<meta charset="utf-8">
<title>Swiper 使用方法</title>
<link  href="swiper-bundle.min.css" rel="stylesheet" type="text/css">
</head>
```

这里加载的是Swiper插件的CSS文件

③ 在 body 区域，按照 Swiper 插件要求的结构创建代码骨架，并在代码最后加载 JavaScript 文件，具体代码如下。

```
<body>
<div class="swiper">
  <div class="swiper-wrapper">
    <div class="swiper-slide">Slide 1</div>
    <div class="swiper-slide">Slide 2</div>
    <div class="swiper-slide">Slide 3</div>
  </div>
  <!-- 这里是分页器 -->
  <div class="swiper-pagination"></div>
</div>
<script src="swiper-bundle.min.js"></script>
</body>
```

这里加载的是Swiper插件的JavaScript文件

④ 在临近</body>标签的位置初始化 Swiper 插件，具体代码如下。

```
<script>
var mySwiper = new Swiper ('.swiper', {
    direction:  'horizontal', // 水平切换选项，vertical 为垂直切换
    loop: true, // 循环模式选项
    // 这里是分页器
    pagination: {
      el: '.swiper-pagination',
    },
  })
</script>
```

⑤ 保存文档，在浏览器中预览，使用鼠标左右滑动屏幕即可看到不同的内容左右轮番展示，如图 11-1 所示。

图 11-1　使用 Swiper 插件实现左右滑动效果

通过本案例可以发现，即便不会 JavaScript 编程的初学者，也能够借助 Swiper 插件快速实现滑动效果。本案例为了效果更加明显，又增加了部分 CSS 样式内容用于美化滑动的内容，具体内容请参考源文件。

当然，Swiper 插件能实现的效果绝不是本案例演示的那么简单，这里仅介绍如何使用 Swiper 插件，而更多更复杂的效果，请读者查阅官方网站进行学习，这里不再赘述。

11.3　Web App 页面分析与环境准备

在深入学习之前的知识后，相信读者已经熟练掌握 HTML 与 CSS 的相关知识，并对 Bootstrap 框架和 Swiper 插件的内容有了简单了解。下面以电商类平台为例向读者介绍 Web App 页面是如何被制作出来的。

11.3.1　页面分析

作为一个专业的 Web 前端开发人员，在项目刚刚开始的时候肯定都会参与各类研讨会议，对整个项目的需求也有很深的理解。那么，当拿到页面效果图时，首先要做的就是对页面规划的分析，从手机端用户的角度去考虑页面如何实现。

微课视频

图 11-2 至图 11-4 分别是本案例将要完成的首页、列表页和详细内容页的预览效果，预览环境是 Google 浏览器自定义的 iPhone 14 Pro 虚拟界面。

图 11-2　首页

图 11-3　列表页

图 11-4　详细内容页

由于界面具有通用性，这里先以案例的"首页"为主要分析对象，其他页面将在后续内容中继续分析。经过实际体验发现，当手机端用户上下滑动界面时，页面顶端和底端的内容始终固定在屏幕中，而页面中部用于展示具体内容的部分则可以上下滚动；左右滑动页面上部的广告区域，也可以看到广告左右轮番滑动的效果；单击页面底部的按钮，则会进入不同的界面。本案例"首页"的示意图如图 11-5 所示。

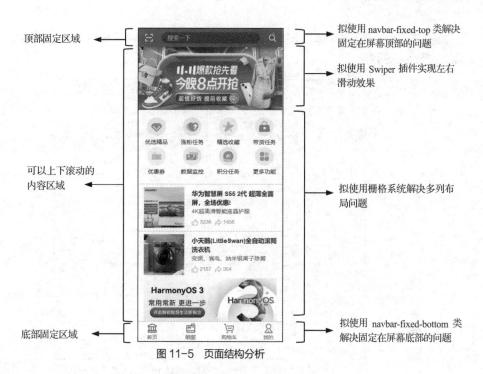

顶部固定区域 ← 拟使用 navbar-fixed-top 类解决
固定在屏幕顶部的问题

拟使用 Swiper 插件实现左右
滑动效果

可以上下滚动的
内容区域 ← 拟使用栅格系统解决多列布
局问题

底部固定区域 ← 拟使用 navbar-fixed-bottom 类
解决固定在屏幕底部的问题

图 11-5　页面结构分析

11.3.2　环境准备

1. 在 Dreamweaver 中设置适合移动端预览的视图

① 使用 Dreamweaver 打开任意 HTML 文档。在代码视图的右下角选择"窗口大小"的下拉菜单，选择其中的某个移动端设备即可。

② 如果菜单中没有需要的窗口大小，选择"编辑大小"选项，如图 11-6 所示。此时，弹出如图 11-7 所示的对话框，在其中输入宽度和高度即可。需要特别注意的是，这里的宽度和高度指的是逻辑分辨率（iPhone 14 Pro 的逻辑分辨率是 393pt × 852pt）。

③ 设置成功后，Dreamweaver 的实时视图区域会即刻显示为移动端窗口大小。

图 11-6　"编辑大小"选项

图 11-7　新增窗口大小

2. 在 Google 浏览器中设置适合移动端预览的窗口

① 打开 Google 浏览器，按下快捷键 F12，进入"开发者环境"。

② 在浏览器顶部下拉菜单中选择某个移动端设备，如果菜单中没有适合的设备选项，选择"Edit"
选项，如图 11-8 所示。

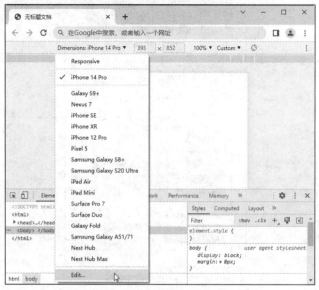

图 11-8　Google 浏览器中的"Edit"选项

③ 单击"Add custom device"按钮，添加所需设备的宽度和高度等信息，单击"Add"按钮即
可完成设置，如图 11-9 所示。

图 11-9　设置新添加设备的参数

11.4　页面实现的详细过程

11.4.1　首页的实现

微课视频

1. 创建站点并引入各类文件

① 在制作页面之前，首先定义站点，以便对站点内的文件进行管理和操作。

② 访问 Bootstrap 中文网，下载预编译的 Bootstrap 文件并解压缩至站点根
目录，随后在根目录下新建"images"文件夹。

③ 在 Swiper 中文网下载安装包，将"swiper-bundle.min.js"和"swiper-bundle.min.css"两个文件分别复制至站点根目录的"css"和"js"两个文件夹中。

④ 访问 Bootstrap 中文网提供的图标库，下载或在线引用图标库。具体操作在后续实现过程中讲解。

需要说明的是，在项目开发中，工程师通常使用一些开放的图标库，不再需要 UI 设计人员输出指定大小的图片了。这些公用的图标是开发人员已经创建好的，在使用时只需要在官网上找到需要的图标，并将后面的"类名称"应用到具体的标签结构上，预览时即可呈现对应的图标。此外，官网提供的查看某个图标的使用方法也是非常方便的。

⑤ 创建 HTML5 空白文档，并将其保存为"index.html"；创建名为"mystyle.css"的 CSS 空白文档，存放在"css"文件夹中。

⑥ 在 head 区域加载将要用到的各类文件，具体代码如下所示。

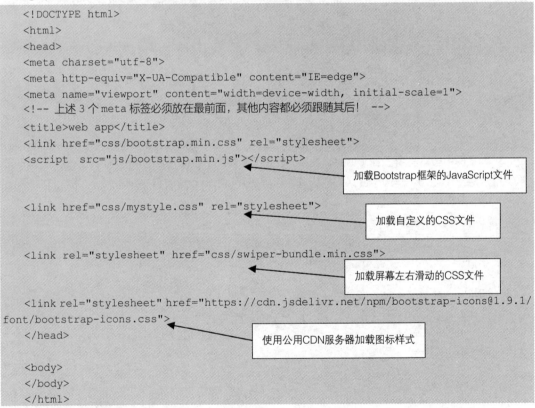

```
<!DOCTYPE html>
<html>
<head>
<meta charset="utf-8">
<meta http-equiv="X-UA-Compatible" content="IE=edge">
<meta name="viewport" content="width=device-width, initial-scale=1">
<!-- 上述 3 个meta 标签必须放在最前面，其他内容都必须跟随其后！ -->
<title>web app</title>
<link href="css/bootstrap.min.css" rel="stylesheet">
<script  src="js/bootstrap.min.js"></script>          加载Bootstrap框架的JavaScript文件

<link href="css/mystyle.css" rel="stylesheet">        加载自定义的CSS文件

<link rel="stylesheet" href="css/swiper-bundle.min.css">   加载屏幕左右滑动的CSS文件

<link rel="stylesheet" href="https://cdn.jsdelivr.net/npm/bootstrap-icons@1.9.1/
font/bootstrap-icons.css">
</head>                                               使用公用CDN服务器加载图标样式

<body>
</body>
</html>
```

2. 搭建主体框架

根据之前对页面的分析，整个页面大致由 3 部分组成，固定在屏幕中的顶部区域和底部区域，以及可以滚动的内容区域，由此可以对页面进行如下规划。

```
<body>
<div id="fixedtoper"></div><!--此处用于放置顶部固定区域-->
<div id="banner" ></div><!--此处用 Swiper 插件实现左右滑动效果-->
<div id="content" ></div><!--此处用栅格系统完成布局-->
<div id="fixedfooter"></div><!--此处用于放置底部固定区域-->
</body>
```

3. fixedtoper 区域（顶部固定区域）的实现

① 要想使页面的某个元素固定到屏幕上，在 Bootstrap 框架中可以使用"navbar-fixed-top"类来实现。对于 fixedtoper 区域的内部结构，考虑到其他页面的通用性，拟将其划分为 3 列内容，左侧显示"扫描"或"返回"图标，中部显示"搜索栏"或"栏目标题"，右侧显示"搜索"或"购物车"等图标。

② 当遇到这种多列布局时，采用栅格系统能快速解决排版兼容性问题。考虑到 3 列内容的多少，本案例拟分别使用"col-xs-2""col-xs-8"和"col-xs-2"来实现 3 列内容布局，请读者注意观察此时"2+8+2=12"的显示列数。此区域的具体代码结构如下。

```
<div id="fixedtoper" class="toper navbar-fixed-top">
  <div class="row">
    <div class="col-xs-2"><a href="#">
      <div    class="photo_30    text-center   ><img    src="images/scanning.png"
width="128" height="128" alt=""/></div>
      </a></div>
    <div class="col-xs-8 nav-Search">搜索一下</div>
    <div class="col-xs-2"><a href="#">
      <div class="photo_30 text-center" ><img src="images/search.png" width="128"
height="128" alt=""/></div>
      </a></div>
  </div>
</div>
```

③ 本案例中虽然使用了 Bootstrap 框架，但并不能解决个性化开发的所有问题。所以，有些细节的美化还需要开发人员编写少量的 CSS 样式。这里在 mystyle.css 文件中编写部分 CSS 样式规则，代码如下所示。

```
.toper {
  width: 100%;
  padding: 10px;
  height: 50px;
  background: #fc285c;
} /*定义顶部固定区域的背景颜色和高度*/
.text-center {text-align: center;}/*设置文字水平居中*/
.photo_30 img {height: 30px; width: 30px;}/*设置顶部固定区域左右两侧图标大小*/
.nav-Search {
  height: 30px;
  line-height: 30px;
  font-size: 16px;
  border: 1px solid #e70245;
  border-radius: 20px;
  background: #e70245;
  text-align: left;
  color: #F7ACBD;
}/*设置顶部固定区域的搜索框外观*/
```

通过移动设备的浏览器预览的效果如图 11-10 所示。关于在当前"开发者环境"下的查看页面结构、调试 CSS 样式等诸多功能，这里不再赘述。

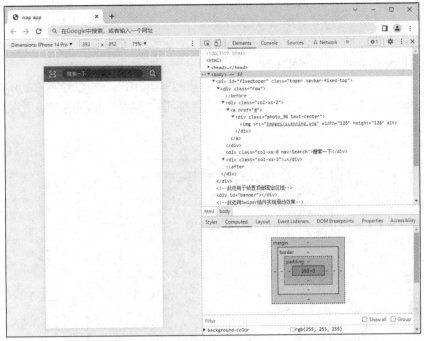

图 11-10　Google 浏览器自定义的 iPhone 14 Pro 虚拟界面预览效果

4. banner 区域的实现

① 在此区域内，拟使用 Swiper 插件实现左右滑动效果，为此就要按照 Swiper 标准结构去创建代码，然后插入项目所需的图像即可。具体代码结构如下所示。

```
<script src="js/swiper-bundle.min.js"></script>    加载Swiper插件所需脚本
<div id="banner" class="swiper">                   Swiper标准文档结构
  <div class="swiper-wrapper">
   <div class="swiper-slide">
     <div class="homephoto"><img src="images/jdt1.jpg"></div>
   </div>                                          根据需要插入的图像
   <div class="swiper-slide">
     <div class="homephoto"><img src="images/jdt2.jpg"></div>
   </div>
   <div class="swiper-slide">
     <div class="homephoto"><img src="images/jdt3.jpg"></div>
   </div>                                          为正确显示图像而自
  </div>                                           定义的类规则
  <!-- 这里是分页器 -->
  <div class="swiper-pagination"></div>
</div>
<script>               初始化脚本
   var myswiper = new Swiper('.swiper', {
       direction: 'horizontal', // 左右滑动切换选项
       loop: true, // 循环模式选项
       // 这里需要分页器
   pagination: {
     el: '.swiper-pagination',
   },
```

```
    })
  </script>
```

通过预览可以发现，此时页面的 banner 区域已经被固定在顶端的 fixedtoper 容器遮挡，并且插入的图像比例也出现了问题，如何解决呢？

② 这里拟采用在 fixedtoper 容器与 banner 容器之间再增加一个有高度的空白容器的方法，将 banner 容器向下"挤"出一定的距离；对于图像比例的问题，这里拟将图像宽度设置为"100%"。修改后的页面结构如下。

```
<body>
<div id="fixedtoper"></div>
<div class="height50"></div><!--在此处增加空白容器-->
<div id="banner" class="swiper"></div>
</body>
```

③ 切换到 mystyle.css 文件，新建 CSS 样式规则，具体代码如下。

```
.height50 {
  width: 100%;
  height: 50px;
  line-height: 50px;
  clear: both;
} /*设置容器高度样式*/
.homephoto img {width: 100%;}
```

④ 保存当前文档，通过浏览器预览的效果如图 11-11 所示。左右滑动页面，此时 banner 区域的图像能够正常地滑动。

图 11-11　正在左右滑动的广告

5. content 区域的实现

content 区域是 App 其他分支板块的重要引流入口，常使用宫格布局。

① 根据之前对页面的规划，这里需要使用栅格系统完成 2 行 4 列的布局，该布局用于展示当前产品的功能分类情况。对于每个功能入口，又有图像和文字混合排版的需要。综合分析后，这里先创建用于放置页面元素的框架，然后根据需要再进行细微调整，具体代码如下。

```
<div id="content" class="container-fluid ">
  <div class="row">
    <div class="col-xs-3" > <a href="#">
      <div><img src="images/优选精品.png"><br>
        <span>优选精品</span></div>
      </a> </div>
    <div class="col-xs-3" > <a href="#">
      <div><img src="images/涨粉任务.png"><br>
        <span>涨粉任务</span></div>
      </a> </div>
    <div class="col-xs-3" > <a href="#">
```

```
        <div><img src="images/精选收藏.png"><br>
        <span>精选收藏</span></div>
    </a> </div>
    <div class="col-xs-3" > <a href="#">
    <div><img src="images/带货任务.png"><br>
        <span>带货任务</span></div>
    </a> </div>
    </div>
</div>
```

② 通过预览可以发现，当前页面虽然呈现 1 行 4 列的布局，但图像和文字大小还需要再调整，为此，当前代码修改如下。

```
<div id="content" class="container-fluid">
  <div class="row">
    <div class="col-xs-3 text-center" > <a class="cgray" href="list.html">
    <div class="main_entrance"><img src="images/优选精品.png"><br>
        <span>优选精品</span></div>                    增加cgray类，改变文字颜色
    </a> </div>
    <div class="col-xs-3 text-center" > <a class="cgray" href="list.html">
    <div class="main_entrance"><img src="images/涨粉任务.png"><br>
        <span>涨粉任务</span></div>
    </a> </div>                                      使用框架中的text-center类实现文字居中显示
    <div class="col-xs-3 text-center" > <a class="cgray" href="list.html">
    <div class="main_entrance"><img src="images/精选收藏.png"><br>
        <span>精选收藏</span></div>
    </a> </div>                                      增加main_entrance类，控制图像大小
    <div class="col-xs-3 text-center" > <a class="cgray" href="list.html">
    <div class="main_entrance"><img src="images/带货任务.png"><br>
        <span>带货任务</span></div>
    </a> </div>
    </div>
</div>
```

③ 切换到 mystyle.css 文件，创建对应的 CSS 样式规则，具体代码如下。

```
.cgray, a.cgray:link, a.cgray:visited {
  color: #161616;
  text-decoration: none; /*设置字体颜色为灰色*/
}
.main_entrance {height: 80px;}
.main_entrance img {height: 50px; width: 50px; }/*设置图标大小*/
.main_entrance span {
  display: block;
  font-size: 1.1em;
  margin-top: 6px;
}
```

④ 按照一样的框架结构，再次使用栅格系统创建一个 1 行 4 列的布局，修改其中的图像，保存当前文档，通过浏览器预览的效果如图 11-12 所示。

⑤ 为了使页面内容更加丰富，根据之前的规划，这里继续使用栅格系统中的"col-xs-4"类和"col-xs-8"类创建一个 1 行 2 列的容器，该容器用于实现图文信息列表效果。通过浏览器预览的效

果如图 11-13 所示，具体代码结构请读者查看源文件。

图 11-12　使用栅格系统实现 2 行 4 列的布局

图 11-13　content 区域最终效果

6. fixedfooter 区域（底部固定区域）的实现

① 与页面 fixedtopter 区域实现的思路类似，fixedfooter 区域拟采用 Bootstrap 框架中的 footer 类和 navbar-fixed-bottom 类来解决固定在屏幕底部的问题。从页面设计效果来看，fixedfooter 区域由 1 行 4 列的区块组成，每个区块中均包含图像和文字，处理的方法与之前的思路相同，具体代码如下。

```html
<div id="fixedfooter" class="footer navbar-fixed-bottom">
  <div class="row">
    <div class="col-xs-3 text-center" > <a class="cblue" href="#"> <img
src="images/home_a.png"> <span>首页</span> </a> </div>
    <div class="col-xs-3 text-center" > <a class="cgray" href="#"><img
src="images/Share.png"> <span>晒图</span> </a> </div>
    <div class="col-xs-3 text-center" > <a class="cgray" href="#"><img
src="images/cart.png"> <span>购物车</span> </a> </div>
    <div class="col-xs-3 text-center" > <a class="cgray" href="#"><img
src="images/me.png"> <span>我的</span> </a> </div>
  </div>
</div>
```

② 切换到 mystyle.css 文件，创建用于细微调整页面元素的 CSS 样式规则，具体代码如下。

```css
.footer {
    width: 100%;
    height: 53px;
    background: #ffffff;
    border-top: 1px solid #ccc;
}
.photo_30 img {height: 30px;width: 30px;}
```

```
#fixedfooter a{display: block;color:#7C7C7C;}
#fixedfooter a img{height: 36px;width: 36px;}/*设置底部图标大小*/
#fixedfooter a span{display: block;margin-top: -4px;}/*设置底部文字样式*/
#fixedfooter a:visited,a:hover,a:link{text-decoration: none;}
```

③ 保存当前文档，通过浏览器预览的效果如图 11-14 所示。

图 11-14　fixedfooter 区域的预览效果

至此，首页的实现过程全部讲解完成，请读者仔细回味整个项目开发的过程，并体会页面结构代码实现的思路。

11.4.2　列表页的实现

微课视频

与首页页面布局类似，此处列表页的实现过程只讲解与首页不同之处，相同的地方请读者查阅源代码。

1. 列表页顶部区域的实现

① 与首页制作相同，在 HTML5 空白文档的 head 区域引入必要的各类文件。

② 在 body 区域创建应用 navbar-fixed-top 类的容器，并在其中使用栅格系统创建 3 列布局，具体代码如下。

```
<div id="fixedtoper" class="toper navbar-fixed-top">
  <div class="row color_white">
    <div class="col-xs-2"></div>
    <div class="col-xs-8">优选精品</div>
    <div class="col-xs-2"> </div>
  </div>
</div>
```

③ 继续完善顶部区域，顶部区域左侧容器拟放置返回图标，右侧容器拟放置购物车图标，并显示已放进购物车的商品的数量。根据页面的需要，搭建的框架结构如下。

```
<div id="fixedtoper" class="toper navbar-fixed-top">
  <div class="row color_white">
    <div class="col-xs-2"><a href="#">
    <div   class="photo_30   text-center"  ><img   src="images/arrow-left.png"
width="128" height="128" alt=""/></div>
    </a></div>
    <div class="col-xs-8 text-center font20">优选精品</div>
    <div class="col-xs-2">
      <div class="icon_shopcar">
        <div class="icon_shopcar_ts">3</div>
        <a class="cwhite" href="#">
        <div class="photo_30"><img src="images/cart-white.png" alt="购物车"></div>
        </a></div>
    </div>
  </div>
</div>
```

④ 切换到 mystyle.css 文件，创建用于调整图像的 CSS 样式规则，具体代码如下。

```
.cwhite, a.cwhite:link, a.cwhite:visited {color: #ffffff; text-decoration: none;}
.cwhite, a.cwhite:hover {color: #ffff00;/*<纯白变黄>*/}
.font32 {font-size: 32px;}
/*<定义右侧图标导航>*/
.icon_shopcar {
    float: left;
    display: block;
    width: 30px;
    height: 30px;
    position: relative;
    z-index: 1;
}
.icon_shopcar_ts {
    width: 16px;
    height: 16px;
    display: block;
    position: absolute;
    top: 0px;
    right: -10px;
    background: url(../images/icon_red.png) no-repeat top left;
    z-index: 100;
    color: #fff;
    text-align: center;
    font-size: 12px;
}
```

⑤ 保存当前文档，通过浏览器预览的效果如图11-15所示。

2. 列表页内容区域的实现

根据页面规划，列表页内容区域使用1行2列的布局，其中每一个主要容器包含图像、标题、段落等内容，具体的结构分析如图11-16所示。

图 11-15 列表页顶部区域预览效果

图 11-16 列表页内容区域结构分析

① 根据页面的详细分析，这里给出结构代码。

```html
<div class="container-fluid">
  <div class="row">
    <div class="col-xs-6" style="padding:0px 6px;" >
      <div class="thumbnail" style="padding:0px;"> <a href="#">
        <div class="sosophoto"><img src="images/commodity-1.jpg"></div>
      </a>
      <div class="caption">
```

```
        <h4>华为路由 AX6 千兆路由器 Wi-Fi6+</h4>
        <span class="color_gray">160MHz 超大频宽...</span>
        <p class="color_gray">
  <span class="font16 color_orange">¥ 549</span>满 99 减 10</p>
        <div class="text-center"><a href="#"><i class="bi bi-cart-plus-fill
font16 color_blue"></i> 加入购物车</a></div>
      </div>
    </div>
  </div>
  <div class="col-xs-6"><!--这里的内容与上述结构代码相同，这里省略--> </div>
 </div>
</div>
```

> 借助Bootstrap图标库中的bi bi-cart-plus-fill类实现图标的显示，
> 该图标库样式文件bootstrap-icons.css已经在页面顶部区域加载

需要特别讲解的是，购物车图标并非采用之前传统插入图像的处理方式加载，而是通过直接引用 Bootstrap 图标库中的类规则实现。这种处理图标的方式，优点是加载、改变颜色和大小非常方便，缺点是无法满足 App 中个性化图标的定制。

② 切换到 mystyle.css 文件，创建相应的 CSS 样式规则，具体内容如下。

```
.sosophoto {padding:10px 4px 0px;}
.sosophoto img {width: 100%;height: 140px;}/*设置缩略图图像大小*/
.color_orange {color: #f39800;}/*设置价格文字颜色*/
.font16 {font-size: 16px;}
.color_blue {color: #577BCF;}/*设置价格文字颜色*/
```

③ 在当前页面的 head 区域创建仅作用于当前页面的内部样式，具体代码如下。

```
<style type="text/css">
body {
    background: #eeeeee;
    font-family: "微软雅黑";
}
input[type="button"], input[type="submit"] {
    outline: none;
    cursor: pointer;
    border: none;
}
</style>
```

④ 保存当前文档，通过浏览器预览的效果如图 11-17 所示。更多的列表内容，由于结构完全相同，读者可以复制之前测试成功的代码，粘贴在后方即可，这里不再赘述。

⑤ 列表页内容制作完成后，页面底端还有一个供访问者单击的按钮。此按钮同样借助于 Bootstrap 框架中的 botton 类快速创建，具体代码如下。

```
<div class="container-fluid">
  <div class="row"> 此处省略了部分代码 </div>
  <div class="row"> 此处省略了部分代码 </div>
 <button type="button" class="btn btn-default btn-group-justified" >加载更多<i
class="bi bi-chevron-double-down"></i></button>
  <div class="height20"></div>
</div>
```

⑥ 保存当前文档，通过浏览器预览的效果如图 11-18 所示。至此，列表页实现过程全部完成，请读者参考源文件进行练习。

图 11-17　列表页内容区域预览效果

图 11-18　列表页最终预览效果

11.4.3　详细内容页的实现

　　详细内容页展示的是某个具体商品的更多细节信息及该商品的评论信息。根据之前的页面规划，本页面部分区域在之前的页面制作过程中已经实现，这里仅讲解其他区域的实现过程。

1．商品价格区域的实现

　　此区域包含商品名称、单价、规格及购买份数的按钮，具体的结构分析如图 11-19 所示。

微课视频

拟使用<h4>标签盛放标题

拟使用<p>标签盛放价格

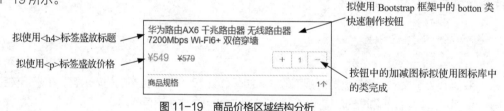

拟使用 Bootstrap 框架中的 botton 类快速制作按钮

按钮中的加减图标拟使用图标库中的类完成

图 11-19　商品价格区域结构分析

　　① 根据分析的结构创建框架结构，具体代码如下。

```
<div class=" width100 bg_white" style="padding:10px;">
  <h4>华为路由 AX6 千兆路由器 无线路由器 7200Mbps Wi-Fi6+ 双倍穿墙</h4>
  <span class="pull-right">
  <div class="btn-group" role="group" aria-label="...">
    <button type="button" class="btn btn-default">
<i class="bi bi-plus-lg"></i></button>
    <button type="button" class="btn btn-default disabled">1</button>
    <button type="button" class="btn btn-default">
<i class="bi bi-dash-lg"></i></button>
  </div>
  </span>
```

```
    <p class=" color_gray font16"><span class="color_orange font20">¥549</span>
    <del>¥579</del></p>
    <div class="height10"></div>
    <div class=" width100 bg_white border_top hang32"> <span class=" font16">商品规
格</span> <span class="pull-right">1 个</span> </div>
  </div>
```

② 切换到 mystyle.css 文件，创建相应的 CSS 样式规则，具体代码如下。

```
.width100 {width: 100%;margin: 0 auto;}
.bg_white {background: #fff;}/*设置背景颜色*/
.height10 {
    width: 100%;
    height: 10px;
    line-height: 10px;
    clear: both;
}
.hang32 {line-height: 32px;}/*设置行高*/
.border_top {border-top: 1px solid #ccc;}/*设置一条灰色的线*/
.color_gray {color: #838383;}/*设置字体颜色*/
```

③ 保存当前文档，通过浏览器预览的效果如图 11-20 所示。

图 11-20　商品价格区域预览效果

2. 商品介绍区域的实现

商品介绍区域主要是文字内容，这里需要注意的是，多个内联元素并排放置，在默认状态下是紧挨着依次显示，而当某个元素使用 Bootstrap 框架中的 pull-right 类时，就会使得当前元素被"拽"到右侧。商品介绍区域的具体代码结构如下所示。

```
<div class=" width100 bg_white border_bottom" style="padding:10px;">
    <span class=" font16">商品介绍</span>
    <span class="pull-right">              ← 将内联元素拖曳至右侧
        <a title="收起" class=" cblue" href="#">
                                              cblue类用于更改图标显示颜色

            <i class="bi bi-chevron-up" style="font-size:20px;"></i>
        </a>
    </span>                      借助Bootstrap图标库中的bi类和bi-chevron-up类实现图标的显示
    </div>
<div class=" width100 bg_white" style="padding:10px;">
        <div class="artic14">
           <p>这里隐藏了部分段落文字内容</p>
        </div>
</div>
```

保存当前文档，通过浏览器预览的效果如图 11-21 所示。由于商品评价区域实现的方法与当前区域实现的方法类似，这里不再赘述，具体代码请查阅源文件，此区域预览的效果如图 11-22 所示。

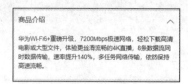

图 11-21　商品介绍区域的预览效果

图 11-22　商品评价区域的预览效果

3. 底部按钮区域的实现

根据页面规划，页面底部需要并排放置两个按钮，而且这两个按钮可以自适应宽度。这里还是使用栅格系统去解决这个问题，首先创建 1 行 2 列的容器，然后在每个容器内部直接使用<botton>标签创建按钮，最后根据需要细微调整元素之间的距离，具体代码如下所示。

```html
<div class=" width100 bg_white navbar-fixed-bottom" style="padding:10px;">
  <div class="row" style="width:100%; margin:0 auto;">
    <div class="col-xs-6" style="padding-right:5px; padding-left:0px;"  >
      <button class="btn btn-lg  btn-red btn-group-justified" type="submit" >联系客服</button>
    </div>
    <div class="col-xs-6" style="padding-left:5px; padding-right:0px;">
      <button class="btn btn-lg btn-red btn-group-justified" type="submit" >加入购物车</button>
    </div>
  </div>
</div>
```

保存当前文档，通过浏览器预览的效果如图 11-23 所示。

图 11-23　底部按钮区域的预览效果

至此，电商类 Web App 主要类型的页面已经全部制作完成，读者可以根据自己的喜好修改相关的 CSS 样式规则，进一步美化整个页面。

11.5　课堂动手实践

1. 登录 Swiper 中文网学习插件的帮助文档。

2. 登录 Bootstrap 图标库，学习图标库的其他使用方法。

3. 根据本章所讲知识，独立完成某 Web App 中 login 页面的制作，如图 11-24 所示。特别要求的是，页面底部图标使用 Bootstrap 图标库完成。在本案例中，底部图标依次使用的类为"bi bi-building""bi bi-chat-left-text""bi bi-diagram-3"和"bi bi-people"。

图 11-24　login 页面的预览效果